Sitzungsberichte der Heidelberger Akademie der Wissenschaften

Mathematisch-naturwissenschaftliche Klasse

Die Jahrgänge bis 1921 einschließlich erschienen im Verlag von Carl Winter, Universitätsbuchhandlung in Heidelberg, die Jahrgänge 1922—1933 im Verlag Walter de Gruyter & Co. in Berlin, die Jahrgänge 1934—1944 bei der Weiß'schen Universitätsbuchhandlung in Heidelberg. 1945, 1946 und 1947 sind keine Sitzungsberichte erschienen.

Jahrgang 1938.

1. K. Freudenberg und O. Westphal. Über die gruppenspezifische Substanz A (Untersuchungen über die Blutgruppe A des Menschen). DMark 1.20.
2. Studien im Gneisgebirge des Schwarzwaldes. VIII. O. H. Erdmannsdörffer. Gneise im Linachtal. DMark 1.—.
3. J. D. Achelis. Die Ernährungsphysiologie des 17. Jahrhunderts. DMark 0.60.
4. Studien im Gneisgebirge des Schwarzwaldes. IX. R. Wager. Über die Kinzigitgneise von Schenkenzell und die Syenite vom Typ Erzenbach. DMark 2.50.
5. Studien im Gneisgebirge des Schwarzwaldes. X. R. Wager. Zur Kenntnis der Schapbachgneise, Primärtrümer und Granulite. DMark 1.75.
6. E. Hoen und K. Appel. Der Einfluß der Überventilation auf die willkürliche Apnoe. DMark 0.80.
7. Beiträge zur Geologie und Paläontologie des Tertiärs und des Diluviums in der Umgebung von Heidelberg. Heft 3: F. Heller. Die Bärenzähne aus den Ablagerungen der ehemaligen Neckarschlinge bei Eberbach im Odenwald. DMark 2.25.
8. K. Goerttler. Die Differenzierungsbreite tierischer Gewebe im Lichte neuer experimenteller Untersuchungen. DMark 1.40.
9. J. D. Achelis. Über die Syphilisschriften Theophrasts von Hohenheim. I. Die Pathologie der Syphilis. Mit einem Anhang: Zur Frage der Echtheit des dritten Buches der Großen Wundarznei. DMark 1.—.
10. E. Marx. Die Entwicklung der Reflexlehre seit Albrecht von Haller bis in die zweite Hälfte des 19. Jahrhunderts. Mit einem Geleitwort von Viktor v. Weizsäcker. DMark 3.20.

Jahrgang 1939.

1. A. Seybold und K. Egle. Untersuchungen über Chlorophylle. DMark 1.10.
2. E. Rodenwaldt. Frühzeitige Erkennung und Bekämpfung der Heeresseuchen. DMark 0.70.
3. K. Goerttler. Der Bau der Muscularis mucosae des Magens. DMark 0.60.
4. 1. Hausser. Ultrakurzwellen. Physik, Technik und Anwendungsgebiete. DMark 1.70.
5. K. Kramer und K. E. Schäfer. Der Einfluß des Adrenalins auf den Ruheumsatz des Skeletmuskels. DMark 2.30.
6. Beiträge zur Geologie und Paläontologie des Tertiärs und des Diluviums in der Umgebung von Heidelberg. Heft 2: E. Becksmann und W. Richter. Die ehemalige Neckarschlinge am Ohrsberg bei Eberbach in der oberpliozänen Entwicklung des südlichen Odenwaldes. (Mit Beiträgen von A. Strigel, E. Hofmann und E. Oberdorfer.) DMark 3.40.
7. Studien im Gneisgebirge des Schwarzwaldes. XI. O. H. Erdmannsdörffer. Die Rolle der Anatexis. DMark 3.20.
8. Beiträge zur Geologie und Paläontologie des Tertiärs und des Diluviums in der Umgebung von Heidelberg. Heft 4: F. Heller. Neue Säugetierfunde aus den altdiluvialen Sanden von Mauer a. d. Elsenz. DMark 0.90.
9. K. Freudenberg und H. Molter. Über die gruppenspezifische Substanz A aus Harn (4. Mitteilung über die Blutgruppe A des Menschen). DMark 0.70.
10. I. von Hattingberg. Sensibilitätsuntersuchungen an Kranken mit Schwellenverfahren. DMark 4.40.

Sitzungsberichte
der Heidelberger Akademie der Wissenschaften
Mathematisch-naturwissenschaftliche Klasse
Jahrgang 1949, 9. Abhandlung

Mutationsauslösung durch Chemikalien

Von

Friedrich Oehlkers

Mit 14 Textabbildungen

Vorgelegt in der Sitzung vom 23. Juli 1949

Heidelberg 1949
Springer-Verlag

ISBN-13: 978-3-540-01425-6   e-ISBN-13: 978-3-642-45815-6
DOI: 10.1007/978-3-642-45815-6

Alle Rechte, insbesondere das der Übersetzung in fremde Sprachen,
vorbehalten.

Copyright 1949 by Springer-Verlag OHG. in Berlin, Göttingen and
Heidelberg.

Mutationsauslösung durch Chemikalien.

Von

Friedrich Oehlkers.

Mit 14 Textabbildungen.

Die Mutationsforschung ist ein Teil der allgemeinen Genetik, der in seiner Selbständigkeit schon wesentlich älter ist als die moderne Kreuzungsanalyse, die mit der Wiederentdeckung der MENDELschen Gesetze begann. Denn schon ungefähr 20 Jahre vorher hat sich DE VRIES, der eine der 3 Wiederentdecker, mit den Fragen nach den Mutationen befaßt, und bereits mit dem Jahre 1901 erschien der 1. Band seines umfassenden Werkes ,,Die Mutationstheorie"; 2 Jahre später folgte der 2., und bis in die heutige Zeit hinein besitzen die Fragen nach den Mutationen eine außerordentliche Aktualität.

Fragen wir uns nun, was damit gemeint ist. Die Mutationsforschung und die Mutationstheorie befaßt sich mit dem Auftreten und den Gesetzmäßigkeiten von Mutationen. Mutationen sind Änderungen in der Merkmalszusammensetzung einer Pflanze oder eines Tieres, wobei freilich nur solche darunter verstanden werden dürfen, die erblich fixiert sind, also, einmal entstanden, in den Nachkommenschaften abgeänderter Formen immer wieder auftreten. Mit dem wiederholten und gesetzmäßigen Erscheinen solcher Mutationen ist also die Konstanz, die genaue Wiederholbarkeit einer Linie, in weiteren Zusammenhängen auch der Arten, durchbrochen. So kann man sich etwas paradox ausdrücken und sagen, die Mutationstheorie ist die Theorie von der Inkonstanz der Arten. Diese Vorstellung bezog ihre Problematik unmittelbar aus der von DARWIN geschaffenen Entwicklungslehre, in der in so überaus glücklicher Anlehnung an die Erfahrungen der Züchtung festgestellt worden war, daß die in der Natur gegebenen Formeneinheiten durchaus nicht fest und konstant sind, sondern sich ganz sicher geändert haben müssen. Die Aufgabe der Mutationsforschung, der rein empirischen und der experimentellen, besteht also darin, das Auftreten und die Ursache solcher Erbveränderungen innerhalb bestimmter übersehbarer Generationsreihen exakt festzustellen.

DE VRIES hat in großartiger Weise als Anreger gewirkt, und wir werden sehen, daß das von ihm in die Genetik eingeführte Objekt, die Gattung *Oenothera*, auch in der modernen Forschung noch verwendet wird. Von dem Inhalt seines Theoriengebäudes freilich ist nicht viel übrig geblieben; es wurde errichtet, bevor wir hinreichende Einsicht in die Natur und Gesetzmäßigkeiten des eigentlichen Erbgutes besaßen. Und zweimal im Laufe der Geschichte der Erblichkeitsforschung seit 1900 schienen, abgesehen davon, die Grundlagen der Theorie überhaupt ins Wanken zu geraten, so daß man eine Zeitlang in den Kreisen der Genetiker überhaupt nicht gerne von Mutationen sprach, sondern die unangenehme Geschichte lieber beiseite ließ. Die eine dieser Katastrophen war die Entdeckung JOHANNSENS, daß die Veränderlichkeit natürlicher Populationen eine lediglich scheinbare ist; sie wird durch das Vorhandensein einer größeren Anzahl sog. reiner Linien vorgetäuscht, die zwar durch Selektion trennbar, doch in sich äußerst stabil sind. Die zweite Katastrophe war eigentlich noch unangenehmer. Sie bestand in dem Befund RENNERS, daß die sämtlichen Arten der Gattung *Oenothera* gar keine reinen Formen sind, sondern sehr kompliziert zusammengesetzte konstante Bastarde, so daß befürchtet werden mußte, alle die Änderungen, die DE VRIES aufgedeckt hatte, seien am Ende Bastardspaltungsprodukte. Aber dann kam wieder ein Umschwung, und wiederum waren es zwei bedeutende Entdeckungen, die eine neue und gänzlich veränderte Schätzung der Mutationstheorie herbeiführten. Die erste davon war BAURS (1921 und 1924) in langjährigen Versuchen an *Antirrhinum* gewonnene Einsicht in das Vorhandensein der ,,Kleinmutanten". Er fand, daß auch bei erbreinen Sippen Mutanten ständig konstatierbar in relativ großer Häufigkeit auftreten, sofern man nur hinreichend geringfügige Merkmale genau in einzelnen Generationen verfolgt. Die andere, einige Jahre später folgende war der Befund MULLERS (1927), daß es möglich ist, durch die Einwirkung von Röntgenstrahlen artifiziell Mutationen herbeizuführen, die in ihrem Wesen durchaus den spontan gefundenen glichen. Diesen beiden Entdeckungen verdankt die Mutationsforschung, daß sie erneut als selbständiges Forschungsgebiet der Genetik neben die Kreuzungsanalyse getreten ist.

Übersicht über die Mutationen.

In der folgenden Darstellung sollen eine Reihe von Arbeiten vorwiegend unseres eigenen Institutes aus der modernen Mutationsforschung zusammengefaßt werden. Um diese verständlich zu machen, ist es notwendig, auf die Grundlagen noch etwas vertiefter einzugehen. In der Genetik beschäftigt man sich mit zweierlei, mit den Merkmalen eines Organismus, dem Phänotypus, und seinen Erbanlagen, den Genen im Genotypus, welche das Auftreten der Merkmale im Laufe der Entwicklung eines Organismus steuern. Dementsprechend kann man neu aufgefundene Mutationen auch in verschiedenster Hinsicht gruppieren; entweder danach, welchen Merkmalsklassen eine neu aufgetretene Mutation zuzuordnen ist, oder danach — und so verfährt man heute nahezu ausschließlich — welcher Art die Änderung im Erbgut war, die einer Mutation zugrunde liegt.

Die Hauptmasse des Erbgutes einer Pflanze oder eines Tieres befindet sich im Zellkern und dort in den Chromosomen, fadenförmigen Organen, die, für jede Art in konstanter Zahl, die Gesamtheit der Erbanlagen in einem Genom zusammenfassen. Die Entwicklungsgeschichte der Chromosomen kann wohl — wenigstens in den Grundzügen — vorausgesetzt werden. So sei daran erinnert, daß die Chromosomen in den beiden verschiedenen Kernteilungsvorgängen, der Mitose und der Meiosis, besonders deutlich sichtbar werden. Je nach der Weise nun, wie sich diese Chromosomen und mit ihnen die Erbanlagen in einem Mutationsprozeß verändern, unterscheidet man 3 Gruppen: Genommutationen, Chromosomenmutationen und monohybrid spaltende Mutationen. Unter der ersten Gruppe verstehen wir diejenigen, bei denen die Genome, d. h. also die gesamte Chromosomengruppe, die das Erbgut einer Art ausmacht, eine Variation erfahren hat, entweder verdoppelt, vermehrfacht oder vervielfacht ist, oder wobei nur die Verdoppelung oder Vermehrfachung eines einzelnen Chromosoms eingetreten ist. Unter den Chromosomenmutationen verstehen wir solche, bei denen ein einzelnes Chromosom innerhalb eines Genoms verändert wird, und zwar kann ein solches in 2 oder mehr Teile gebrochen sein, dann redet man von einer Fragmentation (vgl. Abb. 1). Es können 2 Chromosomen an einem Bruch beteiligt sein, und es kann eine reziproke Wiederverheilung derartiger Chromosomen zustande kommen; eine solche Veränderung nennt man eine reziproke Translokation. Es kann endlich ein Stück aus einem Chromosom herausgeschlagen werden und invers wieder hineinverheilen, dann spricht man von einer Inversion, endlich kann es verdoppelt, also zweimal einheilen, dann nennt man es Duplikation. Endlich kann ein kleines Stück herausgeschlagen werden und die beiden Enden können wieder miteinander verheilen, ein Vorgang, der als Deletion bezeichnet wird (vgl. wieder Abb. 1). Und so sind noch eine Reihe weiterer Chromosomenveränderungen möglich und auch empirisch aufgefunden. Die Deletionen und vor allem auch Duplikationen geringen Ausmaßes führen nun zu einer weiteren Art von Chromosomenveränderungen hinüber, zu den

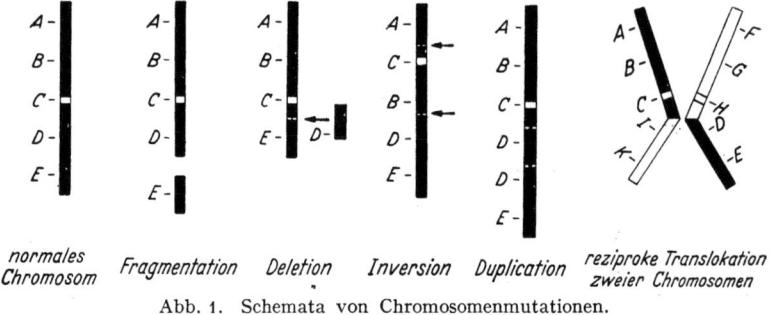

Abb. 1. Schemata von Chromosomenmutationen.

monohybrid spaltenden. Es ist denkbar, daß die Veränderungen ein so geringes Ausmaß betragen, daß man sie mikroskopisch gerade eben noch oder kaum mehr feststellen kann, und daß dadurch der Gesamtfunktion des Chromosoms kein Abbruch geschieht. Und nun ist es weiter denkbar und vielfach erwiesen (vgl. McClintock 1938), daß durch solch einen kleinen Ausfall oder eine kleine Verdoppelung eines Chromosomenstückchens im Phänotypus, im Merkmalsgehalt des Organismus, in seiner Nachkommenschaft eine Änderung kenntlich wird, als sei dort ein Gen geändert worden. Tatsächlich läßt sich eine Chromosomenverletzung geringen Ausmaßes durchaus nicht von einem Gen unterscheiden. Und deswegen verzichtet man heute darauf, von Genmutationen zu sprechen und bezeichnet sie vorsichtshalber als monohybrid spaltende Mutationen.

Die Methoden der Mutationsforschung.

Die Methoden ergeben sich ohne weiteres aus dem, was im vorigen Abschnitt abgeleitet wurde. Man kann rein genetisch verfahren: neu auftretende Merkmale aufsuchen und in Kreuzungsexperimenten als erblich bedingt analysieren. Man kann aber auch rein zytologisch verfahren und kann veränderten Chromosomenbildern nachgehen und diese quantitativ zu unveränderten in Beziehung setzen. Endlich kann man beides in Relation setzen. Jede der Methoden hat ihre Vorzüge und ihre Nachteile, wie aus folgender Überlegung deutlich wird.

Nicht allein die obengenannten Deletionen und Duplikationen, sondern ebensowohl auch alle anderen vorhin abgeleiteten Chromosomenveränderungen führen zu Änderungen der Merkmale des Organismus, in dessen Zellkernen sie aufgetreten sind. Da aber sehr viele dieser Aberrationen des Erbgutes lebenswichtige Ereignisse oder Einrichtungen im Organismus betreffen, so können sie bei Ausfall oder ungünstiger Veränderung gar nicht manifest werden, weil entweder die Keimzelle oder der heranreifende Organismus abstirbt; sie können höchstens in wenigen günstigen Fällen als sog. Letalfaktoren kenntlich werden. Studiert man also für eine Übersicht über das mutative Verhalten eines Organismus allein die Chromosomenbilder, so findet man auch alle die überaus zahlreichen letal wirkenden Veränderungen und es entgehen dem Beobachter nur die oben erwähnten sehr seltenen monohybrid spaltenden Chromosomenveränderungen unterhalb der Sichtbarkeitsgrenze; der Ausfall bei umgekehrtem Verfahren, dem alleinigen Studium von Merkmalsveränderungen ist ungleich viel größer. Das hat dazu geführt, daß auch bei dem genetisch so günstigen Objekt *Drosophila* alle Mutationen durch die Analyse der Speicheldrüsenchromosomen zytologisch kontrolliert werden, so daß die zytologische Methode der Analyse oder mindestens die zytogenetische in der Mutationsforschung durchgehends verwendet wird (vgl. OEHLKERS 1943, S. 314).

Experimentelle Mutationsauslösung.

Das eben Angeführte ist freilich nur ein Teil derjenigen Abänderungen, die man als Mutation bezeichnet. Es gibt noch andere; schon allein deshalb, weil das Erbgut einer Pflanze durchaus nicht nur in den Kernen und in dem Genom lokalisiert ist. Im folgenden werden wir uns allerdings allein mit den eben näher erläuterten Mutationen beschäftigen, und darunter im wesentlichen auch nur mit der mittleren Gruppe, den sog. Chromosomenmutationen. Diese haben den besonderen Vorzug, relativ einfach feststellbar zu sein: man kann sie bei jeder Kernteilung eines abgeänderten Organismus konstatieren und braucht nicht erst die nächste oder gar erst eine Enkelgeneration für ihre Manifestation abzuwarten. Das ist besonders bei den Studien über die artifizielle Auslösung von Chromosomenmutationen bedeutungsvoll. Man kann dann so verfahren, daß man ein im Teilungszustand befindliches Gewebe oder einzelne Zellen vor einer Teilung einer Einwirkung aussetzt, und dann in der anschließenden Kernteilung prüft, was mit den hier sichtbar werdenden Chromosomen geschehen ist. Will man die Veränderungen erfahren, die anschließend in den Merkmalszusammenhängen eintreten, dann beeinflußt man die Keimzellen und prüft die Folgegenerationen. So verfährt man seit 1927 zunächst mit Röntgenstrahlen und später auch mit anderen Strahlen. Die Erfolge sind bekannt und häufig dargestellt, besonders sorgfältig und eingehend durch STUBBE 1938.

Immer wieder von neuem versuchte man während dieser Periode experimenteller Mutationsforschung auch die Verwendung von Chemikalien als mutationsauslösender Agenzien, wobei freilich anfänglich immer wieder Mißerfolge oder höchstens ganz geringe Erfolge (vgl. DÖRING 1937, STUBBE und DÖRING 1938, AUERBACH 1943) zu verzeichnen waren. Und noch 1937 heißt es in TIMOFÉEFF-RESSOVSKYS zusammenfassender Darstellung der experimentellen Mutationsforschung, daß „die Gene gegen chemische Behandlung weitgehend resistent sind". Die Ursachen freilich für dieses Verhalten waren vorerst noch nicht übersehbar. Während des Krieges gewann man die Einsicht, daß die Mutationsauslösung durch Chemikalien eine Frage der Applikationsweise ist. Man hatte früher bei Pflanzen Samen oder ganze Pflanzen in die verwendeten Substanzen getaucht, hatte Tiere damit gefüttert. Beide Anwendungsweisen sind ganz unzulänglich, weil es den Zufälligkeiten umfangreichen Stofftransportes durch Diffusion überlassen bleibt, ob, wie weit und in welcher Konzentration Substanzen an entscheidende Stellen des Organismus gebracht werden. 1943 publizierten wir neue Versuche mit veränderter Anwendungsweise an Pflanzen, in England erfolgte Analoges an *Drosophila* (vgl. C. AUERBACH 1944[1]); bald folgten die Amerikaner nach und heute

---

[1] Anmerkung bei der Korrektur. Inzwischen ist ein Sammelreferat über die vollständige Literatur dieses Gegenstandes von Frl. Dr. AUERBACH erschienen [Chemical mutagenesis; Biol. Rev. 24, 355 (1949)], auf das hiermit besonders verwiesen sei; es lag nicht in unserer Absicht, eine Gesamtübersicht zu geben.
Eine Bemerkung sei freilich noch angefügt. In Frl. Dr. AUERBACHS Darstellung unserer bereits publizierten Resultate findet sich folgender Satz

ist wie der internationale Genetikerkongreß 1948 in Stockholm erwies, ein allgemeines Wettrennen nach den mutagenen Substanzen im Gange.

Wir haben bei unseren Versuchen folgendes Verfahren eingeschlagen. Abgeschnittene Infloreszenzen von Pflanzen mit zahlreichen Knospen sehr verschiedenen Alters — hauptsächlich verwenden wir dazu die Gattung *Oenothera* — wurden in wäßrige Lösungen wirksamer Substanzen gestellt, wonach diese mit dem aufsteigenden Transpirationsstrom in die Blüten vordringen. Das geht sehr schnell; schon in wenigen Stunden kann man spektroskopisch feststellbare Substanzen in den Antheren der Knospen konstatieren. Als Teststadium verwenden wir die Meiosis in den Antheren. Das hat insofern große Vorzüge, als in allen Pollenmutterzellen, einer außerordentlich großen Menge, völlig synchron in genauer Stadienkorrelation die Teilung abläuft. Da wir bei unserem Objekt die Ablaufgeschwindigkeit der Meiosis kennen, so ist es möglich, daß wir vor Beginn der Teilung eine bestimmte Einwirkung applizieren und nach dem Ablauf der notwendigen Zeit die Wirkung in geeigneten Stadien an den Chromosomen feststellen können. Um auch quantitativ vergleichbare Werte zu gewinnen, ist es notwendig, mit konstanten Bedingungen zu arbeiten: wir verwenden 10°, konstantes Licht, konstante Luftfeuchtigkeit. Trotz allem muß man mit der Bewertung sehr vorsichtig sein. Vergleiche quantitativer Daten dürfen nur für dasselbe

---

(S. 372): ,,OEHLKERS' data suggested that urethane might possess true mutagenic ability. Experiments carried out by VOGT in 1948 brought convincing proof for this possibility''. Etwas anders ausgedrückt soll das heißen: Das Vorliegen einer mutationsauslösenden Wirkung eines Agens ist lediglich an der Produktion sichtbarer und letaler Mutanten festzustellen. Daß man diese Meinung, die nicht auf die Autorin beschränkt ist, sondern von führenden Zoologen geteilt wird, auch heute noch aufrechterhält, ist einigermaßen erstaunlich. In der Tat findet sich auch in derselben Abhandlung von Frl. Dr. AUERBACH ein Widerspruch zu dem angeführten Satz. Auf S. 363—364 lehnt sie die Gleichsetzung von Bakterienmutationen mit denen der höheren Organismen zur Zeit noch ab, ,,unless one wants to give up the definition of mutations as changes in chromosomes or genes''! Diese ,,changes in chromosomes'' können kaum etwas anderes sein, als die von mir verwendeten ,,Chromosomenmutationen''. Notwendiges dazu ist in dieser Schrift auf S. 5—8 und S. 34—35 gesagt. Und die Beziehungen zwischen Chromosomenveränderungen und ,,sichtbaren'' Mutationen sind so weitgehend geklärt, durchaus auch bei *Drosophila*, daß es nicht angeht, das eine oder andere Phänomen als ,,Mutation'' zu ignorieren. Dementsprechend ist der Nachweis, daß das Urethan-Kaliumchlorid-Gemisch und einige andere Chemikalien mutationsauslösende Agenzien sind, von mir im Jahre 1943 erbracht und nicht erst von Frl. Dr. VOGT im Jahre 1948.

Material und nur für Versuche unter den gleichen Bedingungen vorgenommen werden. Auch dem subjektiven Fehler durch verschiedene Beobachter ist ein beträchtlicher Spielraum einzuräumen.

Mutationsauslösung in der Meiosis.

Um unsere Resultate näher erläutern zu können, ist es notwendig, noch auf gewisse Einzelheiten im Ablauf der Meiosis einzugehen. Der besondere Vorgang, der die Meiosis vor allen anderen Kernteilungen auszeichnet, ist die Konjugation der Chromosomen. Bekanntlich kann eine Meiosis nur in Zellen ablaufen, die diploid sind, also 2 Genome enthalten, bei denen zu jedem Chromosom des einen Genoms sich ein homologes in dem anderen vorfindet. Während der frühen Stadien konjugieren je 2 homologe in der Weise miteinander, daß sie sich über ihre ganze Länge dicht aneinander legen und in den nun anschließenden Zuständen erfolgt bis zur Metaphase hin wieder ein Auseinanderrücken. Doch geht diese entgegengesetzte Bewegung bis zu einem gewissen Grad unvollständig vor sich. Gleichzeitig nämlich mit dem Konjugationsvorgang ist die Spaltung der Einzelchromosomen sichtbar geworden, so daß tatsächlich nicht 2 Einzelchromosomen, sondern 4 Spalthälften miteinander konjugieren. Unter diesen kann es nun, und zwar jeweils unter solchen von verschiedenen Homologen, Segmentaustauschvorgänge geben, die dazu führen, daß bei dem Auseinanderrücken Überkreuzungen (Chiasmen) eben der Spalthälften stattfinden. Diese Chiasmen gleiten bei der weiteren Abstoßung der Chromosomen voneinander, bei den Chromosomen der Gattung *Oenothera* an das Ende; sie terminalisieren. Gleichzeitig erfolgt eine erhebliche Verkürzung und Verdickung durch weitere Aufspiralisation der Chromosomen, so daß die einzelnen Paare in der Metaphase eine ringförmige Anordnung zeigen: mit den meist in der Mitte liegenden Insertionsstellen voneinander strebend, und an den Enden noch miteinander verbunden. Diese ringförmige Anordnung der Chromosomenpaare ist bei der Gattung *Oenothera* deshalb so besonders deutlich, weil jeweils der mittlere Teil der Chromosomen aus Heterochromatin besteht, eine besondere Chromosomensubstanz, die keine Chiasmen bildet. Letztere entstehen nur in den euchromatischen Endsegmenten. Nach der Metaphase ordnen sich die noch mehr verkürzten Chromosomen in die Spindel und durch einen Zug von der Insertionsstelle her werden die ganzen Chromosomen — d. h. je 2 Spalthälften — voneinander getrennt.

Mutationsauslösung durch Chemikalien. 11

Es ist bekannt, daß unmittelbar auf die erste Teilung noch eine zweite folgt, in welcher die schon in der ersten Teilung angelegten Spalthälften getrennt werden, so daß aus jeder meiotischen Teilung 4 Tochterzellen gebildet werden. In unserem Zusammenhang interessiert aber nur die erste Teilung.

Wenn nun vor oder im Ablauf der Meiosis zwischen nichthomologen Chromosomen Translokationen vorgekommen sind, wobei wir der Einfachheit halber annehmen wollen, es würden ganze Schenkel, d. h. Chromosomenquerhälften — sie sind im

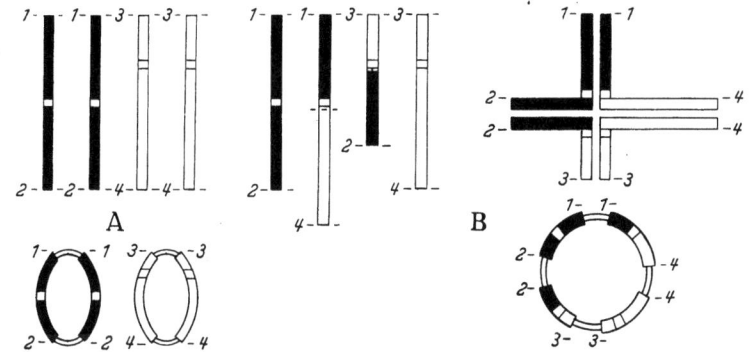

Abb. 2 A u. B. Schema von Konjugation und Metaphase (Diakinese), A normaler Chromosomen, B translozierter Chromosomen in der Meiosis eines Objektes mit terminalisierenden Chiasmen. Der Einfachheit halber ist in Abb. 1 und 2 die Spaltung in Chromatiden weggelassen worden.

Schema Abb. 2 mit Ziffern bezeichnet — von der Insertionsstelle bis zum Ende miteinander ausgetauscht, dann sind die Homologen nicht mehr gleich, wie die Abb. 2 deutlich macht, sondern von je 2 Paaren ursprünglich homologer Chromosomen sind nunmehr die 8 Hälften verschieden verteilt. Eine Konjugation wird nun wiederum die homologen Stücke betreffen; sie muß nunmehr 2 Paare von Chromosomen — also 4 Einzelchromosomen — einbeziehen, die jetzt in Form eines Kreuzes miteinander konjugieren. Und wenn nun ebenfalls wieder Chiasmen zwischen den Chromosomenspalthälften auftreten und bei dem weiteren Ablauf der Meiosis an das Ende rücken, dann entsteht auf diese Weise an Stelle eines Chromosomenpaares ein Ring von 4 Chromosomen. So sind also unter den möglichen Chromosomenveränderungen die Translokationen diejenigen, die in der Meiosis vollständig erkennbar sind, ebenso wie auch die Fragmentationen. In der Mitose sind sie nur dann mit Sicherheit zu erkennen, wenn verschieden große Stücke vertauscht

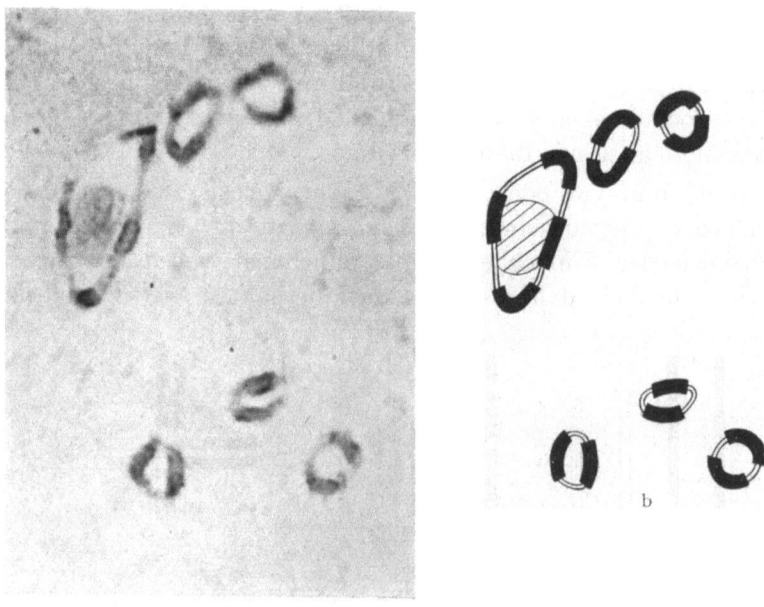

Abb. 3 a u. b. a Mikrophotographie einer Metaphase des Bastards Oenothera (suaveolens × Hookeri) flavens ^{h}Hookeri mit einem Ring von 4 und 5 Bivalenten. Die Vergrößerung der Abb. 3 bis 9 und 11, 12 beträgt etwa 2000. b Schema dazu.

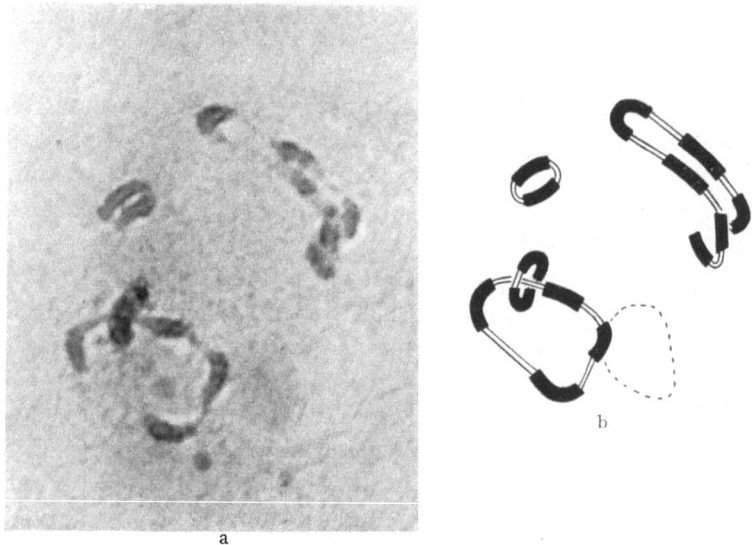

Abb. 4 a u. b. a Derselbe Bastard. 2 Ringe von 4 und 3 Bivalente. Einwirkung von Äthylurethan + Kaliumchlorid. b Schema dazu. Das Ineinanderhängen der Diakinesefiguren (Interlocking), wie es in diesen und allen anderen Figuren gefunden wird, hängt mit der zufälligen Lage der Ruhekerne zusammen und hat nichts mit Translokationen zu tun.

werden, so daß die Form der Chromosomen weitgehend geändert wird. Der besondere Vorzug der Meiose für unsere Untersuchungen besteht also darin, daß diese beiden Klassen von Chromosomenveränderungen deutlich erkennbar sind.

Translokationen unter Nichthomologen brauchen nun nicht nur ganze Chromosomen, sie können auch allein die Chromatiden,

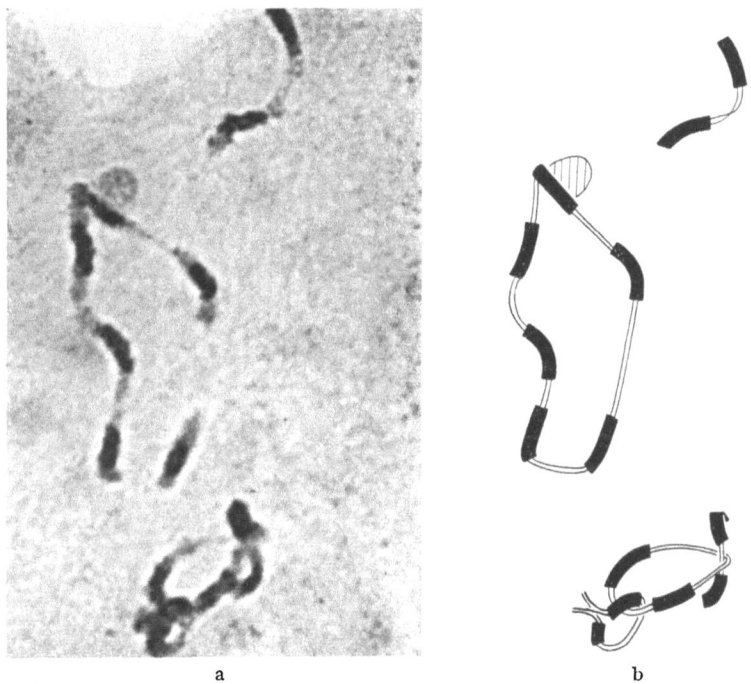

Abb. 5a u. b. a Derselbe Bastard. Ring von 6 und 4 Bivalente. Einwirkung von Aluminiumnitrat m/1000. b Schema dazu.

die Chromosomenspalthälften, betreffen. Die daraus entstehenden Figuren sind nicht immer von den aus chromosomalen Translokationen zu unterscheiden, unter Umständen können sie jedoch auch etwas komplizierter werden, vor allen Dingen dann, wenn die Veränderung in dem mittleren, dem aus Heterochromatin bestehenden Teil der Oenotheren-Chromosomen erfolgt. Sie bleiben dann an der Stelle, an welcher sie entstanden sind, auch bis in die Metaphase der Meiosis hinein liegen, so daß auch dann noch Kreuzfiguren zu erkennen sind. Wir geben im folgenden eine Reihe von Mikrophotographien derartiger Translokationstypen (vgl. Abb. 4 bis 9), die unter Einwirkung chemischer Agenzien entstanden sind.

— 383 —

Das in allen Versuchen von uns verwendete Material ist ein Oenotherenbastard von der Konstitution *Oenothera (suaveolens × Hookeri) flavens · ʰHookeri*. Dieser Bastard besitzt schon in sich

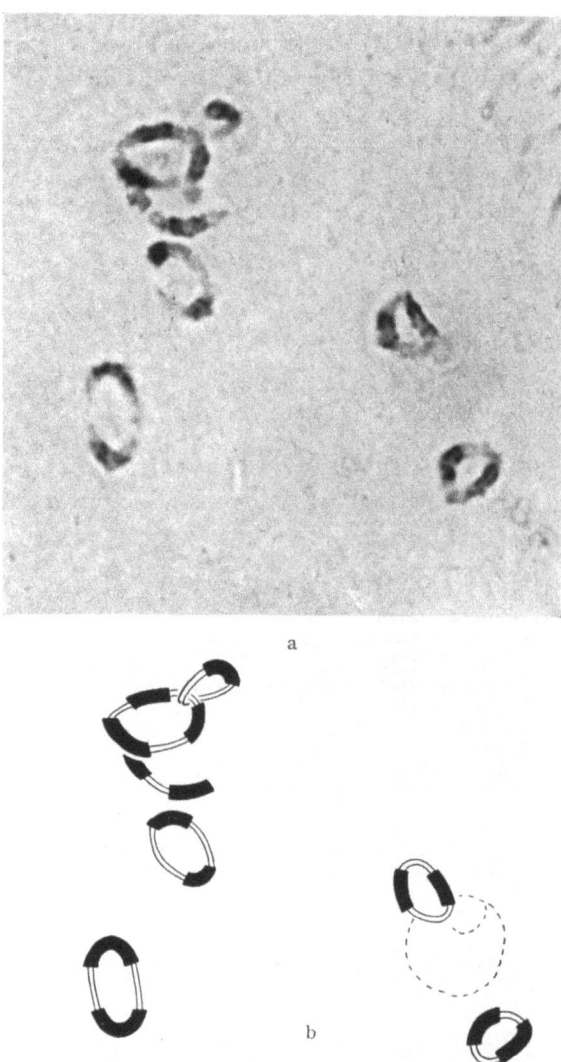

Abb. 6a u. b. a Derselbe Bastard. Ring von 3 und 1 geschlossenes Univalent und 5 Bivalente. Einwirkung von Äthylurethan + Kaliumchlorid. b Schema dazu.

eine Translokation, so daß seine Chromosomenkonfiguration in der Metaphase, wie Abb. 3 zeigt, einen Ring von 4 Chromosomen und 5 Bivalente enthält.

Mutationsauslösung durch Chemikalien. 15

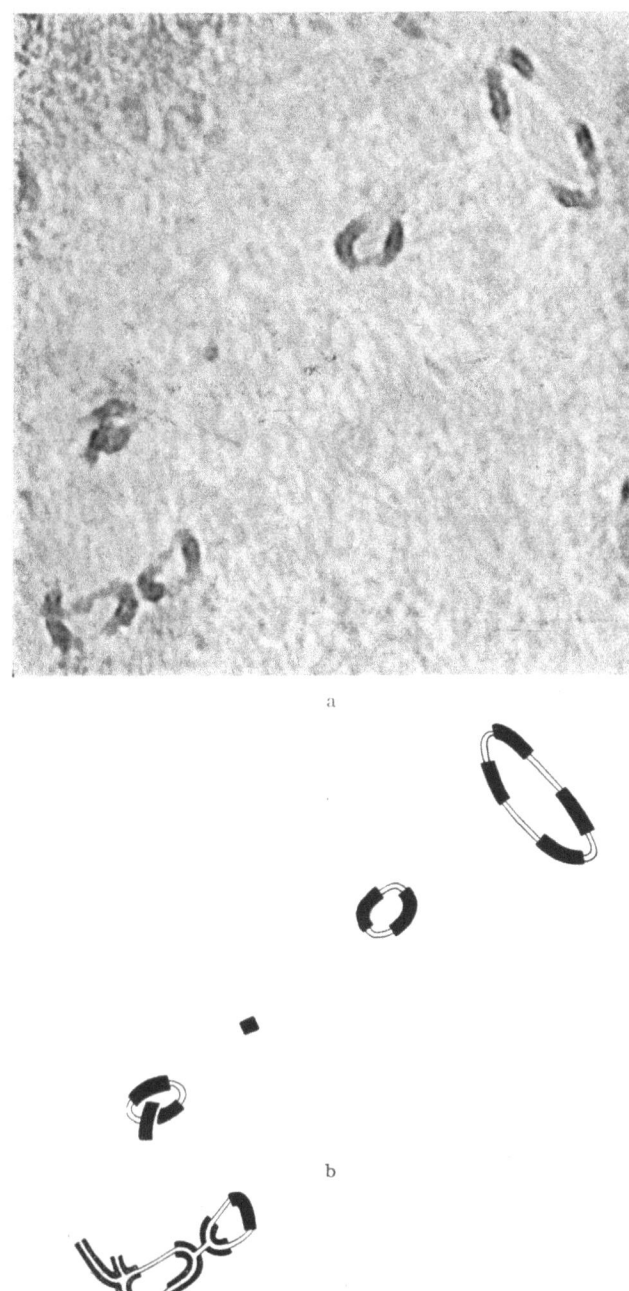

Abb. 7 a u. b. Derselbe Bastard. Ring von 4 Chromosomen. 2 Bivalente. 2 chromatidale Translokationen zwischen 2 Bivalenten und 1 Bivalent. 1 Univalent und 1 Fragment. Einwirkung von Äthylurethan + Kaliumchlorid. b Schema dazu.

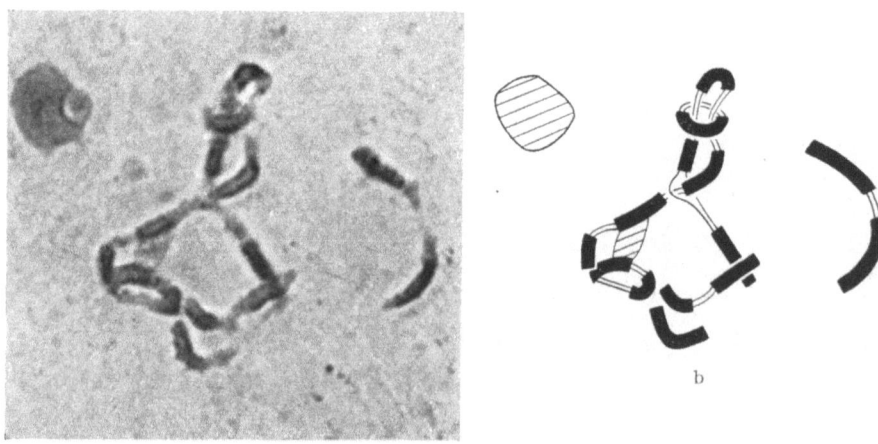

Abb. 8a u. b. Derselbe Bastard. Offene Kette von 6, 1 geschlossenes und 2 offene Bivalente, 1 Univalent und 1 geschlossener Einerring, der die Mitte der Sechserkette umfaßt. Innerhalb der Sechserkette befindet sich ein Chromatid-Interlocking. Einwirkung: m/1000 Aluminiumnitrat. Nach OEHLKERS 1943, S. 332. b Schema dazu.

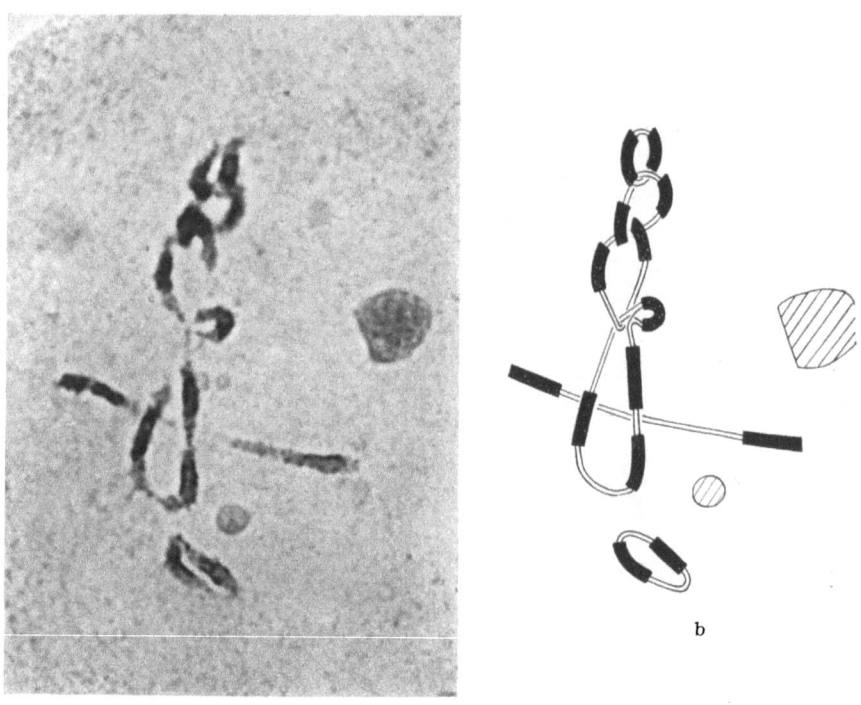

Abb. 9a u. b. a Derselbe Bastard. Chromatidale Translokation im Viererring, 4 geschlossene und 1 offenes Bivalent. Einwirkung: m/1000 Aluminiumnitrat. b Schema dazu.

Mutationsauslösung durch Chemikalien. 17

Übersicht über unsere mutagenen Substanzen.

In Tabelle 1 sind von allen von uns geprüften Substanzen eine Reihe solcher ausgewählt, die stark mutagene Wirkung haben. Die spontane Rate an Chromosomenmutationen bei dem hier verwendeten Bastard liegt zwischen 0,05—1%. Von einer starken mutagenen Wirkung reden wir überhaupt erst dann, wenn nicht nur der Durchschnitt, sondern auch das Maximum spontaner Mutabilität um ein Vielfaches überschritten wird. Die Einwirkung der meisten anorganischen Salze bleibt unterhalb dieser Grenze. Wirklich eingreifende Wirkung unter diesen wurde mit einigen Ammonium- und Aluminiumverbindungen erreicht, ebenso mit Jod-Jodkalium und unter den sehr giftigen Schwermetallsalzen mit Quecksilberchlorid.

Tabelle 1. Mutationsauslösende Substanzen.

Die Prozentsätze geben die Anzahl der Zellen mit Translokationen an im Vergleich mit der Gesamtzahl bearbeiteter Zellen.

A. Anorganische Substanzen.

Jod-Jodkali	13%	Aluminiumnitrat	5—12%
Ammoniumnitrat	6%	Quecksilberchlorid	12%

B. Narkotica.

Methylurethan + KCl	20%	Acetophenon	36%
Äthylurethan + KCl	25—35%	Anisol	22%
Propylurethan + KCl	19%	Acetanilid	28%
Butylurethan + KCl	15%	Glycol	30%

C. Alkaloide.

Morphin	14—30%	Atropin	12%
Narcein	12%	Scopolamin	10%
Colchicin	21%		

Schwieriger war es natürlich unter den organischen Substanzen eine Auswahl zu treffen. Tatsächlich kam der glückliche Treffer, die Urethane, wie wir weiter oben sehen werden, in Kombination mit Kaliumchlorid zu verwenden, auch als ausgesprochene Zufallsbeobachtung zustande, die ihrerseits freilich wieder aus sorgfältiger Überlegung für andere Untersuchungen entsprang. Es war nämlich ursprünglich gar nicht beabsichtigt, Mutationsversuche zu machen; vielmehr wurde allein eine Untersuchung über die Abhängigkeit der Chiasmenbildung von Chemikalien mit der gleichen Methode und dem gleichen Material im Rahmen unserer Physiologie der Meiosis in Angriff genommen. 1933 hatte HÜTTIG den Befund veröffentlicht, daß bei *Ustilago Avenae* die in den

Promycelien konstatierbare Präreduktion zugunsten einer Postreduktion durch die Einwirkung von Urethanen unterdrückt werde. Nun hat man freilich inzwischen die Phänomene von Prä- und Postreduktion als Koppelung der Geschlechtsfaktoren mit der Insertionsstelle auf den Chromosomen interpretiert. Manövrieren beide Loci gemeinsam, dann erfolgt Präreduktion; erfolgt zwischen ihnen ein crossing over, dann entsteht Postreduktion. Die Befunde von HÜTTIG waren also im Sinne einer **Beeinflussung des crossing overs durch die Urethane** zu verstehen und zwar mußte es — morphologisch sichtbar an der Chiasmenzahl — durch die Urethanwirkung **erhöht** werden. Das trifft auch nach unseren Untersuchungen an den Oenotheren faktisch zu. Da das Kaliumchlorid ebenso wie eine Reihe anderer anorganischer Salze die gegenteilige Wirkung zeigt, so wurde unter anderem auch ein Gemisch von Äthylurethan und Kaliumchlorid untersucht, um die gegenseitige Wirkungsstärke festzustellen. Dabei fanden wir nur eine überaus starke mutagene Wirkung, die sich in dem Vorhandensein zahlreicher Translokationen anzeigte, etwas, was den beiden Einzelsubstanzen nicht oder nur in geringem Maße zukommt. Von da ab war unser Interesse weitgehend von der neu konstatierten Wirkung absorbiert.

Das Gemisch von Äthylurethan und Kaliumchlorid — besonders häufig in der Zusammensetzung von $m/20$ Äthylurethan $+$ $m/200$ Kaliumchlorid verwendet — ist ein ungemein starkes Mutagen, das in größerer Variation 20—38%, im Durchschnitt etwa 24% Chromosomenaberrationen hervorbringt. Im Gegensatz zu den Befunden HÜTTIGs in der Wirkung auf die Verschiebung der Präreduktion sind alle anderen Urethane weniger wirksam. Ähnlich eingreifend wirken andere Narkotika wie Acetophenon, Anisol und Acetanilid. Alle diese rufen, wie die Tabelle zeigt, ohne eine KCl-Gabe hohe Aberrationsprozente hervor, ebenso Glykol.

Alle diese Substanzen zeigen aber, abgesehen von ihrer mutagenen Wirkung nun auch noch eine beträchtliche Giftwirkung. Die Blattspitzen an den Infloreszenzen werden braun, vertrocknen, und auch die Blüten werden bei längerer Einwirkung beeinträchtigt. Da es uns nun neben der bloßen Konstatierung der Veränderungen auch noch darauf ankam, veränderte Kerne von Generation zu Generation weiterzugeben, arbeiteten wir eine Methode aus, mit der auch Pflanzen im Freien der Einwirkung bei fortlaufender Entwicklung ausgesetzt werden können. Man kann, anstatt die

Infloreszenzen ganz abzuschneiden, diese nur halb durchschneiden und dann der Länge nach spalten und die auf diese Weise abgespaltene Hälfte in ein Reagenzglas mit den wirksamen Substanzen tauchen (vgl. Abb. 10). Das genügt um der darüberstehenden Infloreszenz genügend Stoffe zuzuführen, und die Verbindung mit den Wurzeln durch die andere Hälfte der Sproßachse genügt, um weiterhin die Wasserversorgung der heranwachsenden Blüten bis zur Reife der Pollenkörner zu gewährleisten. Wir hatten in diesen Versuchen zunächst, um die Methode auszuprobieren, auch wieder das Urethangemisch verwendet. Sodann untersuchten wir weiterhin die Wirkung einer Reihe von Pflanzenalkaloiden, weil wir vermuteten, daß diese auf die Pflanzen möglicherweise eine geringere Giftwirkung haben würden. Das trifft auch faktisch zu. Als stärkstes Mutagen dieser Gruppe erwies sich das Morphin. Auch Narcein, ferner Atropin und Scopolamin sind sehr wirkungsvoll (vgl. wieder Tabelle 1, C).

Abb. 10. Angeschnittener und halbierter Sproß von Oenothera, dessen abgespaltene Hälfte in ein Reagenzglas mit wirksamer Substanz getaucht wurde. (Aus OEHLKERS 1946, S. 177.)

Reproduzierbarkeit der Versuche.

Will man zu einem tiefer dringenden Verständnis des Mutationsprozesses vordringen, dann ist es notwendig sich zuvörderst über den gesetzmäßigen Charakter des Geschehens zu orientieren. Die Versuche, vor allem mit dem Urethan-Kaliumchlorid-Gemisch, sind an dem Oenotherenbastard vielfach wiederholt und zudem an verschiedenen anderen Objekten bestätigt worden, wie Tabelle 2 zeigt.

Tabelle 2. Mutationsauslösung durch Äthylurethan und Kaliumchlorid in aufeinanderfolgenden Versuchsreihen und an verschiedenen Objekten.

1. Oe. (suaveolens × Hookeri) flavens · *h*Hookeri 38%	OEHLKERS	1943
2. Oe. (suaveolens × Hookeri) flavens · *h*Hookeri 18%	OEHLKERS	1946
3. Oe. (suaveolens × Hookeri) flavens · *h*Hookeri 24%	{ OEHLKERS und LINNERT }	1949
4. Campanula persicifolia 8%	OEHLKERS	1943
5. Lilium candidum 7%	OEHLKERS	1943
6. Paeonia tenuifolia 15,8%	MARQUARDT	1949
7. Drosophila melanogaster 3,4%	VOGT	1948

Campanula persicifolia ist ein Objekt, welches auch spontan nicht eben selten Chromosomentranslokationen zeigt; so ist es begreiflich, daß auf die Urethanwirkung hin das Auftreten beträchtlich ansteigt. Bei *Lilium candidum* sind Translokationen spontan vollkommen unbekannt, demnach ist ihr Auftreten in unseren Versuchen mit besonderem Nachdruck beweisend. Die Untersuchungen an *Paeonia tenuifolia* wurden in Gemeinschaft mit unserem Mitarbeiter MARQUARDT gemacht, und zwar sind sie wieder mit einer neuen Applikationsweise ausgeführt. Die Blüten von *Paeonia* besitzen bekanntlich eine sehr große Anzahl von Staubblättern, die in der Entwicklung merkbar voneinander differieren. Da die Knospen schon in den entscheidenden Entwicklungsstadien sehr groß sind und einen beträchtlichen Hohlraum haben, versuchten wir mit gutem Erfolg die wirksame Substanz mit einer Injektionsspritze in die Knospen zu injizieren. *Paeonia* hat nur wenige (n = 5) und identifizierbare Chromosomen; so sind diese Versuche, abgesehen von der allgemeinen Bestätigung der Urethanwirkung, wie später gezeigt werden soll, noch beachtenswert geworden. In den letzten, in der Tabelle 2 aufgeführten Versuchen ist die mutagene Wirkung des Äthylurethans von Frl. Dr. VOGT durch unsere Versuche veranlaßt auch bei *Drosophila* geprüft worden. Bei Injektion des Äthylurethan-Kaliumchlorid- oder Natriumchlorid-Gemisches in das Abdomen von Drosophilamännchen kann nach der ClB-Methode im X-Chromosom eine ganz erhebliche Steigerung sowohl der letalen wie der sichtbaren Mutationen herbeigeführt werden. Diese Drosophilaversuche sind eine durchaus erwartete Bestätigung aller bisherigen Mutationsversuche: da es keinerlei prinzipielle Unterscheidung zwischen Chromosomenmutationen und Genmutationen gibt, so mußten bei geeigneter Applikationsweise auch „sichtbare" Mutationen bei *Drosophila* gefunden werden. Und in der Tat zeigt die Analyse der Speicheldrüsenchromosomen für einige dieser von Frl. Dr. VOGT gefundenen Mutanten und zwar von letalen und sichtbaren, nach einer neueren Arbeit auch feststellbare Deletionen.

Ein kurzer Hinweis noch auf die Reproduzierbarkeit der Werte in quantitativer Hinsicht. Anfänglich glaubten wir mit einer Analyse von etwa 100 Zellen schon einen hinreichend sicheren Aufschluß über die Zahl der Aberrationen zu bekommen. Später hat sich vor allem durch die ausgedehnten Studien meiner Mitarbeiterin Dr. GERTRUD LINNERT herausgestellt, daß die Streuung der Werte doch eine so beträchtliche ist, daß man erst bei 300—500 Zellen zu wirklich fundierter Konstanz der Werte kommt. Auffällig ist die Art der Variabilität. Wir haben sie auch wohl als ,,Nesterbildung" bezeichnet. Das soll heißen, die Verteilung der Aberrationen ist sehr unregelmäßig, so daß man in den Präparaten vielfach auf gehäufte, nahe zusammenliegende Zellen mit Abänderungen trifft und dann weite Strecken hindurch lediglich normale findet. Erst bei der oben angegebenen hohen Anzahl von Zellen erfolgt ein Ausgleich und man ist sicher, daß man bei einem Durchschnittswert nicht entweder nur einem Nest von Aberrationen oder einer Serie von normalen Zellen zum Opfer gefallen ist, wie uns das im Anfang bei noch mangelnder Erfahrung zuweilen geschehen sein mag.

Die Analyse des Vorgangs.

Für ein tieferes Eindringen in das Problem der Mutationsauslösung bedarf es einer genauen Analyse des Vorganges. So nur kann ein Vergleich der durch Chemikalien hervorgerufenen Aberrationen mit denen erfolgen, die durch Röntgenstrahlen oder spontan oder durch andere Einwirkungen zustande kommen. Wir behandeln dabei zunächst die am eingehendsten untersuchten Aberrationen: Translokationen und Fragmentationen. Das Agens, mit dem in diesen genauer analysierten Versuchen gearbeitet wurde, war im wesentlichen das Gemisch aus Äthylurethan und Kaliumchlorid. Diese angestrebte Analyse des Mutationsvorganges kann in dreierlei Hinsicht erfolgen: einmal kann eine Aussage über das primäre Ereignis versucht werden, welches dem Mutationsvorgang zugrunde liegt, zum andern werden wir Einblick in die Verteilung der Translokationen über die Genome und zuletzt in diejenige über die Chromosomen zu gewinnen suchen. Die ersteren beiden Aufschlüsse lassen sich an *Oenothera* erarbeiten, für das letzte analytische Problem bedarf es Formen mit identifizierbaren Chromosomen: *Paeonia tenuifolia* und *Drosophila*.

Das primäre Ereignis.

Schon bei der kurzen Darstellung vom Ablauf der Meiosis wurde darauf hingewiesen, daß für Translokationen prinzipiell 2 Möglichkeiten zur Verfügung stehen: es handelt sich entweder um Bruch und Wiederverheilung ganzer Chromosomen (chromosomale Translokationen) oder um den gleichen Vorgang allein bei Chromatiden, den Chromosomenspalthälften (chromatidale Translokationen). Die erste Frage, die wir für eine genaue Analyse zu stellen haben, ist also: lassen sich in den von uns studierten Fällen chromosomale und chromatidale Translokationen unterscheiden und wie weit ist das gegenseitige Zahlenverhältnis erkennbar? Das ist bei *Oenothera*, wobei die späten metaphasischen Stadien ungewöhnlich klar und übersichtlich, die frühen dagegen unzugänglich sind, recht schwierig. Wie man im einzelnen verfährt, um aus der Konfiguration in späten Stadien über den Ablauf in den frühen Aufschluß zu gewinnen, ist in allen Einzelheiten in einer ausführlichen Arbeit von OEHLKERS und LINNERT (1949) erörtert worden. Hier können wir nur kurz auf die Bedeutung der Frage und auf das Resultat verweisen. Wir haben den Chemikalien eine Einwirkung auf die Ruhekerne vor der Meiosis oder deren frühen Stadien zugebilligt. Dadurch ist für den Translokationsvorgang außer dem stets gegebenen Bruch- und Wiederverheilung zweier nichthomologer Chromosomen noch eine zweite Möglichkeit erschlossen. Faktisch vollziehen sich ja chromatidale Brüche und Wiederverheilungen auch normalerweise ständig in jeder Meiosis und sind dabei als der Prozeß des Segmentaustausches, der Grundlage des genetischen crossing-over bekannt. Der gesetzmäßige Ablauf dieses Vorganges wird aus dem Konjugationsverhalten der Chromosomen verstanden; er wird dadurch ermöglicht, daß in der Konjugation die 4 Chromatiden ganz eng und nahe aneinander liegen. Es wäre nun durchaus denkbar, daß alle artifiziellen Translokationen, soweit sie sich in der Meiosis vollziehen, als primäres Ereignis einen anderen Vorgang denn Bruch und Wiederverheilung zur Grundlage haben, nämlich eine gestörte Konjugation in der Meiosis: eine Konjugation unter Nichthomologen größeren Ausmaßes. Sofern bei einer solchen nichthomologen Konjugation

nun ebenfalls Chiasmen gebildet würden, wären alle Translokationen, die in den späteren Stadien erscheinen, allein chromatidale.
Diese Frage läßt sich nun in der Tat eindeutig entscheiden. Wir finden unter unseren Chromosomenbildern, wie Abb. 11 zeigt, chromosomale Fragmente, und die können allein durch Bruch ganzer Chromosomen zustande gekommen sein. Und ebenso

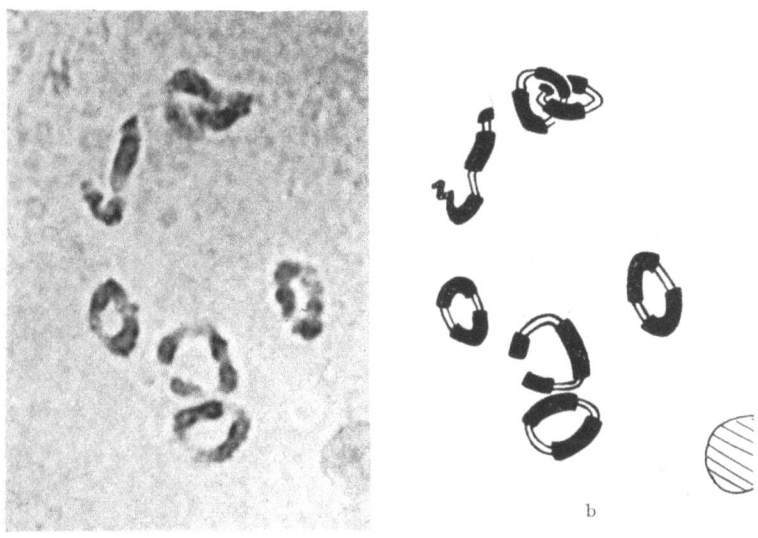

Abb. 11 a u. b. a Oenothera Hookeri. 5 geschlossene Bivalente; je ein Chromosom der beiden anderen Bivalente fragmentiert. Einwirkung: Äthylurethan + Kaliumchlorid. Aus OEHLKERS und LINNERT 1949. b Schema dazu.

finden wir Bilder, die mit Deutlichkeit erkennen lassen, daß chromatidale Translokationen abgelaufen sind. Finden nämlich solche Vorgänge im Heterochromatin, im mittleren Teil der Chromosomen statt, dann terminalisieren sie nicht wie ein normales Chiasma im Euchromatin, sondern bleiben bis in die Metaphase hinein liegen. Solche Bilder, wie sie in Abb. 12 gegeben sind, zeigen also in Gemeinschaft mit Abb. 11 an, daß beide Vorgänge mit Sicherheit nachweisbar sind, chromosomale wie chromatidale Translokationen. Und da beide Vorgänge ein gleichartiges primäres Ereignis haben können, nämlich Bruch mit anschließender Wiederverheilung zwischen Chromosomen oder Chromatiden, so ist die Annahme eines solchen wahrscheinlicher als die einer gestörten meiotischen Konjugation. Diese Annahme wird noch besonders dadurch unterstrichen, daß sich in Abb. 7 in ein- und derselben Zelle beide

Vorgänge: Fragmentation und chromatidale Translokation im Heterochromatin haben auffinden lassen. Es ist gar zu unwahrscheinlich, daß in derselben Zelle die Umbauten durch verschiedenartige primäre Ereignisse entstehen wollten.

Es fragt sich nun weiter, ob es möglich ist, das Zahlenverhältnis von chromosomalen und chromatidalen Translokationen zu bestimmen; anders ausgedrückt: festzustellen wie weit das primäre

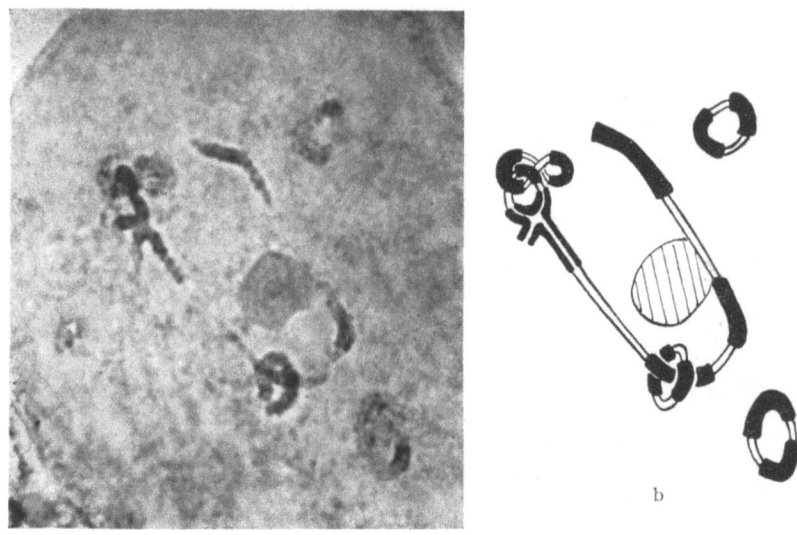

Abb. 12a u. b. a Oe. (suaveolens × Hookeri) flavens · ^{h}Hookeri. Chromatidale Translokation zwischen dem Viererring und einem Bivalent. Einwirkung: Äthylurethan + Kaliumchlorid. b Schema dazu. (Aus OEHLKERS und LINNERT 1949.)

Ereignis sich auf ganze Chromosomen oder nur auf Chromatiden erstreckt. OEHLKERS und LINNERT zeigten, daß das nur höchst annäherungsweise möglich ist. Man kann nachweisen, daß alle noch in der Diakinese (Metaphase) der Meiosis vollständig geschlossenen Chromosomenkonfigurationen nur allein auf chromosomale Translokationen zurückführbar sind. Alle übrigen teilweise oder ganz offenen Figuren dagegen können auf beiderlei Weise entstanden sein. So ist hieraus kein Anhaltspunkt über die Zahlenverhältnisse zu gewinnen.

Eine andere Gegebenheit läßt immerhin eine ungefähre Schätzung zu. Wir können das Zahlenverhältnis bestimmen, in welchem man chromatidale Translokationen im Heterochromatin auffindet, weil sie dort — wie schon erwähnt — liegen bleiben und sich nicht wie ein Chiasma verhalten und terminalisieren. Wir finden solche in unserem Oenotherenmaterial in 14%. Wenn man nun annimmt, daß als primäres Ereignis der Translokationen Chromosomenbrüche gleichmäßig über alle Chromosomen verteilt sind, und daß sich chromosomale und chromatidale Brüche im gleichen Zahlenverhältnis vorfinden, dann wird unter den 50% chromatidalen Brüchen ein Prozentsatz von 14% im Heterochromatin annähernd aus der Chromosomenlänge verständlich: die Länge der euchromatischen Enden übertrifft in frühen Stadien die des Heterochromatins beträchtlich. Wir können also rückblickend sagen, daß sich ein Prozentsatz von 14% chromatidaler Translokationen im Heterochromatin am einfachsten durch die Annahme eines gleichmäßigen Anteils von chromosomalen und chromatidalen Brüchen und einer gleichmäßigen Verteilung der Brüche über Heterochromatin und Euchromatin der Chromosomen verstehen läßt.

Die Verteilung der Translokationen über die Genome.

Damit kommen wir zu der nächsten Frage; sie lautet: Wie weit ist eine gleichmäßige Verteilung der Aberrationsereignisse über die Chromosomen beweisbar? Dieses Problem ist von grundsätzlicher Bedeutung insofern, als für die Röntgeneinwirkung eine rein zufallsmäßige, also gleichmäßige, Verteilung von Chromosomenveränderungen nachgewiesen wurde (vgl. MARQUARDT 1942). Trifft das für die Chemikalieneinwirkung auch zu, dann ist damit ein wesentlicher Anhaltspunkt dafür gewonnen, daß der Röntgen- und Chemikalieneinwirkung gleichartige Ursachenketten zugrunde liegen.

Wir müssen die Beantwortung dieser Frage in 2 Abschnitte gliedern: bei *Oenothera* lassen sich die Chromosomen — mindestens in den späten, zytologisch allein zugänglichen Stadien der Meiosis — nicht identifizieren. Da aber unser Material als Normalkonfiguration einen Viererring und 5 Bivalente enthält, so können wir bestimmte Genomanteile unterscheiden und können für dieses Material die Frage stellen: sind die Chromosomenaberrationen im Gefolge von Chemikalieneinwirkung gleichmäßig über die Genomanteile verteilt oder sind sie an irgendwelchen Stellen bevorzugt lokalisiert?

Anfänglich schien es uns so. Wir hatten in unseren ersten Versuchen den Eindruck, als ob stets der Viererring bevorzugt wäre. So haben wir nun in neueren Untersuchungen eine größere

Tabelle 3. Die Verteilung der Translokationen über die Genome (aus OEHLKERS und LINNERT 1949).

Form	Gr. I	Gr. II	Gr. III	Gr. IV	Gr. V	Undefinierbare	Summe der Definierbaren	Gesamtsumme
Oe. suaveol. × Hookeri	20	37	97	27	116	40	297	337
Oe. Hookeri × suaveolens	8	18	26	4	38	11	94	105
Oe. suaveolens × strigosa	1	16	55	7	47	15	126	141
Oe. Chicaginensis × Hookeri	0	3	27	3	33	10	66	76
Summe	29	74	205	47	234	76	583	659
Erwartet als Chromosomen Translokationen	6,3	13,3	264,7	33,1	265	—	P_{hom}	0,01
Erwartet als Chromatid Translokationen	12,8	25,6	256,3	32,0	256,3	—	P_{hom}	0,01

Anzahl verschiedener Oenotherenbastarde verwendet mit identifizierbarem, aber verschiedenem Viererring. Dabei stellte sich heraus, daß die Einwirkung sowohl von Röntgenstrahlen als auch von Alkaloiden als auch des Urethangemisches sich vollkommen gleichmäßig verteilt und daß auch die besonderen Viererringe keinen verschiedenartigen Einfluß auf die Reaktion besitzen. Um das konstatieren zu können, muß man folgendermaßen verfahren: Man kann die Aberrationen danach in Gruppen ordnen, wie weit sie in den erkennbaren Genomelementen liegen, oder diese mit einander verknüpfen. Ferner kann man rein theoretisch Erwartungszahlen unter der Voraussetzung gleichmäßiger Verteilung für die einzelnen Gruppen berechnen. Fünf solcher Gruppen sind möglich, sofern stets nur ein einzelner Translokationsschritt als gegeben angenommen wird:

I. Ein Viererring kann sich in $2+2$ Elemente gruppieren. II. Ein Viererring kann sich in $3+1$ Elemente gruppieren. III. Ein Viererring kann sich mit einem Bivalent kombinieren. IV. Ein Bivalent kann sich in 2 Univalente unterteilen. V. Ein Bivalent kann sich mit einem Bivalent kombinieren. In den besonders daraufhin ausgewerteten Versuchen sind unter 3300 zeichnerisch analysierten Zellen 659 Translokationen aufgefunden worden. Davon konnten wir 583 in die oben gegebenen Gruppen einordnen. Die 76 übrigen ließen sich zwar als Neutranslokationen erkennen, aber nicht in eine der 5 Gruppen einordnen.

Warum das im einzelnen der Fall ist, kann hier nicht erörtert werden. Die Erwartungszahlen für die einzelnen Gruppen kann man nun sowohl für chromatidale als auch chromosomale Translokationen ausrechnen; beide differieren freilich nicht sehr stark voneinander. Wie Tabelle 3 zeigt, kann man 3 Resultate aus dem Vergleich der gefundenen und erwarteten Zahlen gewinnen. Einmal, daß größenordnungsmäßig in der Tat eine zufällige Verteilung über die beiden Genome gegeben ist, sodann, daß diese Erwartungszahlen mit den chromatidalen Translokationen etwas besser übereinstimmen als mit den chromosomalen, und endlich im einzelnen quantitativ für beide Erwartungszahlen eine gesicherte Abweichung. Dies zeigt, daß die Klassen I, II und IV gefördert, III und V dagegen gehemmt sind. Die geförderten Klassen enthalten diejenigen Figuren, bei denen **innerhalb einer Kombinationsgruppe** ein Stückaustausch erfolgt ist. Bei den verminderten Klassen handelt es sich um solche, bei denen eine Translokation zwischen 2 verschiedenen Elementen, dem Viererring und den Bivalenten, oder den Bivalenten unter sich, zustande gekommen ist. Es ist ohne weiteres klar, daß die Förderung überall dort erfolgt ist, wo die Elemente, die in einer Translokation vereinigt sind, räumlich nahe beieinander lagen. Damit können wir diese Abweichung durchaus verstehen. Wir können ohne weiteres annehmen, daß die Brüche dem Zufall nach über die Genome verteilt sind, daß aber die Restitutionen dort häufiger erfolgen, wo die Elemente dicht beieinander liegen.

Die Verteilung der Translokationen über die Chromosomen.

Um Klarheit über die Frage nach der Verteilung der Chromosomenveränderungen über die Länge eines einzelnen Chromosomzu erhalten, bedarf es eines Objektes mit identifizierbaren Chromosomen. Wir fanden das, wie oben schon erwähnt, in *Paeonia tenuifolia*, wobei sich die Chromosomen sehr schön im einzelnen unterscheiden lassen und die Lage der Translokationen auf den Chromosomen feststellbar ist. In einer gesonderten, noch nicht publizierten Untersuchung hat MARQUARDT festgestellt, daß 190 genau analysierbare Translokationen und Fragmentationen vollkommen zufallsmäßig über die Chromosomen der Meiosis von *Paeonia* verteilt sind (vgl. Tabelle 4). Somit ergeben diese Untersuchungen eine vollkommene Parallele zu den bisher bekannten Röntgenwirkungen.

Tabelle 4. **Verteilung der Fragmentations- und Restitutionsbrüche auf die Bivalente von Paenoia tenuifolia** (aus MARQUARDT [unpubliziert]).

	GM	SM	M_1+M_2	ST
Beobachtet	47	29	85	38
Erwartet auf Grund der Chromosomenlänge	48,2	37,9	81,1	31,8

Eine zweite Möglichkeit besteht in der Verwendung von *Drosophila*. Bei Einhaltung der ClB-Methode, die Fräulein Dr. VOGT, wie oben schon angegeben, auch für die Urethanversuche benutzte, wird ja tatsächlich nur das X-Chromosom des behandelten Männchens geprüft. Seine Gene sind in den Männchen ohne korrespondierende Allele; denn das Y-Chromosom ist ihm nicht homolog. So sind in den Männchen der Enkelgeneration, welche die Nachkommen vom X-Chromosom der Spermien des ursprünglich behandelten Männchens besitzen, alle in letzterem befindlichen Gene — auch die rezessiven — ohne weiteres manifest. In einer neuen Arbeit kann Dr. VOGT an der Hand einer inzwischen erarbeiteten größeren Anzahl von Mutanten nachweisen, daß deren Verteilung über das X-Chromosom durchaus jener entspricht, die man bei Röntgeneinwirkung erhält. So zeichnet sich die Urethanwirkung an *Drosophila* als vollkommene Parallele zu den Pflanzenversuchen ab.

Röntgenauslösung und Chemikalienauslösung.

Wir haben zum Vergleich auch eine Mutationsauslösung durch Röntgenstrahlen in derselben Weise an unseren Versuchspflanzen, dem vielfach genannten Oenotherenbastard, vorgenommen. Die Resultate sind im einzelnen noch nicht publiziert. Immerhin können wir hier vorausnehmen: 1. daß wir keinerlei Mutationen fanden, die von denen mit Chemikalienauslösung abweichen, und 2. daß auch die Verteilung der Chromosomenveränderungen in der gleichen Weise erfolgt wie bei den durch Chemikalien bedingten. In Tabelle 5 ist der Erfolg der Röntgenauslösung in anderem Zusammenhang eingetragen. Daraus geht hervor, daß bei einer Dosis von 150 r ein Prozentsatz von 15% Translokationen erkennbar wird, und zwar gleichmäßig bei den beiden reziproken Bastarden, die dafür verwendet wurden. Wir sehen damit, daß die Wirkung von $1/20$ Mol Äthylurethan und $1/200$ Mol Kaliumchlorid identisch mit einer Röntgendosis ist, die etwa zwischen 200—300 r liegt.

Tabelle 5 (aus OEHLKERS 1948).

Versuch	Oe. suaveol. × Hookeri Zellen		Oe. Hookeri × suaveol. Zellen		P_{hom}
	verändert	unverändert	verändert	unverändert	
Äthylurethan + KCl					
gefunden	172	563	100	829	} $P = 0,01$
berechnet	120,14	614,86	151,85	777,15	
Röntgenstrahlen 150 3					
gefunden	76	426	48	267	} $P = 0,9$
berechnet	72,2	425,8	47,81	267,98	
Alkaloide					
gefunden	34	265	35	270	} $P = 0,99$
berechnet	34,15	264,9	34,9	270,1	

Auf die Beziehung zu einem der wesentlichsten Elemente der Strahlengenetik, der sog. Treffertheorie, einzugehen hat für unseren Zusammenhang der Mutationsauslösung durch Chemikalien wenig Sinn. Gewiß ist die Grundlage insofern die gleiche, als sich auch in unseren Versuchen eine zufallsmäßige Verteilung der Mutationsereignisse über die Chromosomen vorfindet. Doch läßt sich vorläufig der wichtigste Befund der Strahlengenetiker in unseren Versuchen mit Chemikalien nicht reproduzieren, nämlich die Abhängigkeit von der Intensität der Einwirkung. Eine geringere oder gesteigerte Intensität der Einwirkung ist bei Anwendung von Chemikalien durch eine Variation der Konzentration erreichbar, doch darüber, welche Stoffkonzentrationen wirklich an die in Meiosis befindlichen Zellen hinkommen, haben wir keinerlei Vorstellung. Zudem will es uns scheinen, als ob die wesentlichste Einsicht, welche die Treffertheorie für die Genetik nutzbar zu machen glaubte, daß nämlich die sog. Gene Einheiten des molekularen Bereiches seien, doch auf die Dauer nicht wird aufrecht zu halten sein: wie wir sehen, sind mancherlei „Gene" als sichtbare Veränderungen der Chromosomen zu deuten, und die allein mögliche Definition der Gene ist die: es handelt sich um einen bestimmbaren Ort (Locus) auf einem Chromosom, von dem eine ganz bestimmte Wirkung ausgeht.

Die Spezifität der Mutationen.

Das Ziel, durch besondere Einwirkungen spezifische Mutationen zu erhalten, ist ein sehr altes in der Genetik. So ist es auch zu verstehen, daß sich neben den bedeutenden Erfolgen der Röntgenmutationen ständig noch die Tendenz gehalten hat, die Wirkung der Chemikalien weiter auszubauen. Man hoffte eben, daß durch die Einwirkung bestimmter Chemikalien auch bestimmte Mutanten erscheinen würden. Soweit die Chemikalienwirkung eingehend und genau durchgearbeitet wurde, wie das bei uns mit der Urethankaliumchloridwirkung nach jeder Richtung hin geschehen ist, sind die Resultate in dieser Hinsicht zunächst rein negativ. Das heißt, die Chemikalienwirkung ist ebenso unspezifisch wie die Röntgenwirkung. Es werden nicht bestimmte Mutationen oder an bestimmten Stellen lokalisierte Chromosomenaberrationen hervorgerufen, sondern die ganze Serie, die auch von Röntgenstrahlen herbeigeführt wird, erscheint wieder, und es fragt sich nun, wie dieser Befund zu bewerten ist.

Zunächst die Frage, ob das bei anderen Chemikalien ebenso der Fall ist. In ähnliche Tiefe hinein durchgearbeitet wie die Urethanwirkung ist die Wirkung von Senfgas in den englischen Arbeiten, insbesondere von Frl. AUERBACH und deren Mitarbeitern. Auch dabei zeigt sich zunächst, daß die ganze Serie der durch Röntgenstrahlen hervorgerufenen Abweichungen ebenfalls durch Senfgas reproduziert wird, so daß eine Spezifität in dem Sinne, wie man sie erwartete, dort ebensowenig gefunden wird. Indessen findet sich bei der Senfgaswirkung etwas anderes, das in diesem Zusammenhang erwähnenswert ist, weil sich möglicherweise daraus neue Anhaltspunkte entwickeln lassen. AUERBACH und ROBSON haben bei *Drosophila* feststellen können, daß sich die sichtbaren Mutationen nach Senfgaseinwirkung auffallend häufig nicht exakt manifestieren, sondern so, daß ein Mosaik zwischen mutierten und nichtmutierten Körperteilen oder Körperstellen in den betroffenen Individuen zustande kam, eine Erscheinung, die nach einer weiteren Generation aufhört; danach sind die Mutationen offenbar fest fixiert. Die Autoren erklären das so, daß durch den Angriff des Senfgases die Gene in labilen Zustand gebracht werden und dann erst im Laufe der folgenden Teilungen bzw. im Laufe der unmittelbar anschließenden Generation noch nach der einen oder anderen Seite umschlagen können, womit dann aber eine Fixierung gegeben ist. Uns scheint diese Vorstellung labiler Genzustände unbefriedigend und im Zusammenhang mit einer eigenen Beobachtung an *Paeonia* können wir eine zytologisch begründete dafür einsetzen. In unseren Versuchen (OEHLKERS und MARQUARDT 1949) haben wir in einem Fall eine einwandfreie Translokation nicht nur zwischen Chromatiden, sondern zwischen Halbchro-

Mutationsauslösung durch Chemikalien.

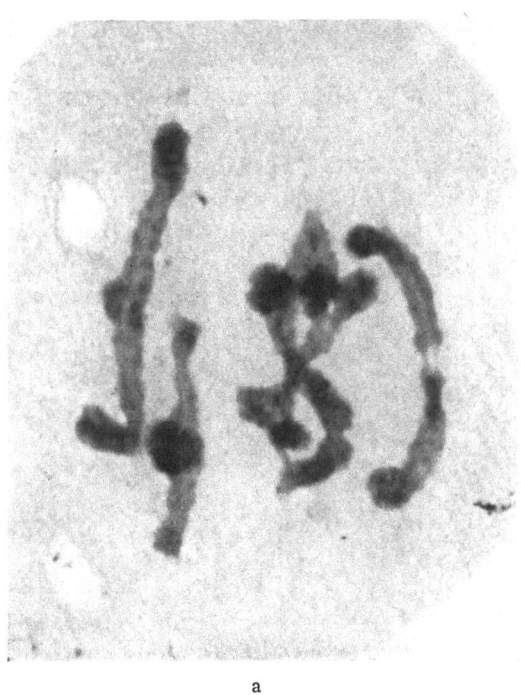

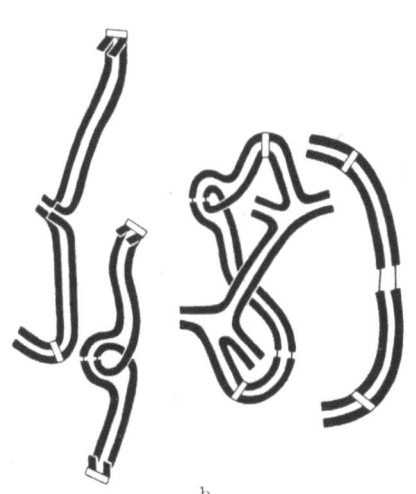

Abb. 13a u. b. a Paeonia tenuifolia. 3 Bivalente und 1 Ring von 4 Chromosomen. Einwirkung: Äthylurethan + Kaliumchlorid. Vergrößerung 2000mal. b Schema dazu.

matiden aufgefunden. Um diesen interessanten Befund möglichst anschaulich darzustellen, bringen wir in Abb. 13a u. b eine einfache chromosomale Translokation in einer Mikrophotographie mit gezeichnetem Schema und in Abb. 14 die Zeichnung von der eben erwähnten Translokation zwischen Halbchromatiden. Dies scheint uns darum bedeutungsvoll, weil in den sehr umfangreichen Untersuchungen MARQUARDTs über Röntgenaberrationen niemals etwas derartiges gefunden wurde. So wäre es denkbar, daß die Chemikalien nicht so radikal eingreifen wie die Röntgenstrahlen, sondern feinere Teilungen der Chromosomen allein betreffen. Zugleich ist es wohl sicher, daß die Teilungen der Chromosomen nicht nur

Abb. 14. Paeonia tenuifolia. Translokation zwischen Halbchromatiden 3 Bivalente in Anaphase, 1 Fragment. Vergrößerung 2000mal.

in dem meiotischen, sondern auch in jedem anderen Kern ganz sicher nicht bei den Halb- oder Viertelchromatiden ihr Ende finden — bis zu den Viertelchromatiden hinunter kann man sie mit lichtoptischer Mikroskopie sichtbar machen — sondern sicher noch sehr viel weiter gehen, wobei die äußerste — theoretisch denkbare — Grenze ein einzelnes Makromolekül wäre. Je weiter in einer solchen Unterteilung zurück aber der mutative Eingriff der Chemikalien einsetzt, desto später in der Abfolge der nachfolgenden Teilungen kann erst die Mutation manifest werden. Auch für *Drosophila* wäre es durchaus denkbar, daß nach einer Reihe von Teilungen ein noch nicht gleichmäßig ausgeteiltes Chromosomenstück in eine Keimzelle hineinkommt und erst in der folgenden Generation als Mosaik manifest wird.

In dem hiesigen Institut ist noch von mir selbst eine letzte Weise spezifischen Verhaltens aufgefunden worden, die sich nicht auf einzelne Chromosomen, sondern auf die Zelle als Ganzes bezieht. Es sind in unseren Versuchen auch reziprok verschiedene Bastarde verwendet worden: *Oe. (suaveolens × Hookeri) flavens · ʰHookeri* und *Oe. (Hookeri × suaveolens) ʰHookeri · flavens*. Bei beiden besteht die gleiche Genomkombination, sie befindet sich aber in verschiedenem Cytoplasma. In dem ersten der beiden Bastarde stammt das Cytoplasma von der *Oe. suaveolens*, bei den zweiten von der *Oe. Hookeri*. Ich finde nun, daß bei der Einwirkung von Röntgenstrahlen in beiden Bastarden unter vergleichbaren Bedingungen und bei derselben Dosis genau die gleiche Anzahl von Chromosomenaberrationen auftritt, ebenso bei der Einwirkung von Alkaloiden. Ganz anders verhalten sie sich bei der Einwirkung von Urethan; hier ist der eine der beiden Bastarde, derjenige mit dem Plasma der *Oe. suaveolens*, quantitativ ganz außerordentlich gegenüber dem anderen bevorzugt, wie die Tabelle 5 zeigt. Von der Bedeutung dieses Befundes wird später noch die Rede sein.

Eine Auseinandersetzung mit den Befunden DARLINGTONs und KOLLERs (1947), die eine Einwirkung des Senfgases auf das Verhalten der Chromosomen bei den Pflanzen untersuchten, kann erst später erfolgen, denn die Autoren gewinnen ihre Resultate vorwiegend an der Mitose. Auch in unserem Institut ist das seit Jahren geschehen. Erst wenn diese Untersuchungen abgeschlossen sind, soll eine erschöpfende Behandlung der Literatur erfolgen. Das verspricht gerade im Zusammenhang mit der Arbeit FORDs (1948) besonders aufschlußreich zu werden. Letzterer hat dasselbe Objekt verwendet, wie wir auch, die Wurzelspitzen von *Vicia faba*. Es wurde mit Senfgas behandelt und höchst bemerkenswerte Ergebnisse sind gewonnen worden, die wir alsbald mit unseren vergleichen werden.

Die sonstigen Versuche mit Chemikalien sind noch nicht hinreichend übersehbar, um sichere Anhaltspunkte zu gewinnen. Das gilt beispielsweise auch von den Versuchen HADORNs, der mit bewundernswerter Technik Drosophilaovarien aus Larven herauspräparierte, diese Gewebestücke einer Einwirkung durch Phenol aussetzte und nachher anderen weiblichen Larven inplantierte. Er hat erreichen können, daß auf diese Weise inplantierte Ovarien nachher in den Immagines in Funktion gesetzt werden und die Nachkommen zeigen eine erhöhte Mutationsrate. Dabei scheint eine Bevorzugung bestimmter Mutationen gegeben zu sein. Indessen ist das Zahlenmaterial noch nicht ausreichend, so daß man eine Entscheidung über die Bedeutung dieser sehr interessanten Versuche wohl tunlichst noch aufschiebt.

Mutationsauslösende und cytostatische Stoffe.

In den letzten Jahren ist vielfach über sog. cytostatische Stoffe gearbeitet worden; damit sind solche gemeint, die das Eintreten und Ablaufen der Mitose hemmen und so eine Zellvermehrung hindern (vgl. HEILMEYER, MERK und PIRWITZ 1948). Darauf, daß zwischen diesen Stoffen und denjenigen, die eine mutagene Wirkung haben, eine besondere Verwandtschaft besteht, hat insbesondere MARQUARDT (1948) verwiesen. Er hat in seiner Abhandlung besonders nachdrücklich darzutun versucht, daß eine nachhaltige hemmende Wirkung eigentlich immer erst dann zustande kommt, wenn es sich um Substanzen handelt, die Ruhekerngifte sind, also solche, die nicht nur sog. Primäreffekte oder, wie MARQUARDT sie nunmehr nennt, unspezifische physiologische Störungen hervorrufen, sondern welche die ganze Serie mutativer Chromosomenveränderungen, Translokationen, Deletionen, Inversionen usw. zuwege bringen. Tatsächlich läßt es sich auch an Chromosomenbildern direkt erweisen, daß dann, wenn eine größere Anzahl von Translokationen in einer Zelle ablaufen, die Kernteilung oftmals schon rein mechanisch nicht mehr durchführbar ist und damit die Zelle zugrunde geht. Im übrigen ist ja auch noch in anderer Weise für das Urethan diese Koinzidenz zwischen mutagener Substanz und cytostatischem Stoff erwiesen: es wird als Medikament bei der Leukämie verwendet, wobei es vor allem eine Wirkung für die Verhinderung des Wachstums der dabei häufigen Tumoren entfaltet. Freilich ist die Aktivität des Urethans im Organismus, wie aus dem Buche von HEILMEYER und Mitarbeitern hervorgeht, eine ungemein vielfältige. Doch kann durchaus eines der tumorenhemmenden Momente in der Störbarkeit der Mitosen durch Urethan bestehen. Wir glauben also konstantieren zu können, daß die besondere Wirksamkeit bestimmter cytostatischer Stoffe gleichzeitig mit ihrer Aktionsfähigkeit auf das chromosomale Gefüge znsammenhängt.

Indessen darf dabei nicht übersehen werden einmal, daß nicht jede Störung schon eine Mutation ist, sondern das sind allein die ganz klar definierbaren, von uns immer wieder genannten Chromosomenveränderungen, deren chromosomaler und genetischer Effekt genau übersehbar ist. Zum andern muß man im Auge behalten, daß der „letale" bzw. „hemmende" Effekt der cytostatischen Stoffe gerade eine höchst unerwünschte Nebenwirkung der mutagenen Substanzen sein kann. Das wirkungsvollste Mutagen wird stets derjenige Eingriff physikalischer oder chemischer Art sein, der zahlreiche Veränderungen im genischen Gefüge setzt, ohne durch „Letalität" der Zellen besondere Hemmungen des Entwicklungsablaufs hervorzurufen. Und umgekehrt, die wirkungsvollste cytostatische Substanz wird diejenige sein, die möglichst nachdrücklich eine Zellvermehrung unterbindet, wobei alle Nebenwirkungen gleichgültig sind. Was die Mutagene anlangt und ihre zerstörende Wirkung, so ist gleich hier darauf hinzuweisen, daß das höchstwahrscheinlich eine Angelegenheit der Konzentration ist, ebenso wie die zerstörende Wirkung der Röntgenstrahlen eine Angelegenheit der Dosis ist. In beiden Fällen können die in unserem Zusammenhang erwünschten mutagenen Wirkungen und in dem Zusammenhang der cytostatischen Stoffe erwünschten zerstörenden Wirkungen beliebig durch Veränderung von Konzentration und Dosis hervorgerufen werden.

Die in den vielfachen Arbeiten über cytostatische Stoffe angesammelten Erfahrungen (vgl. z. B. die Arbeiten LETTRÉS) können nun nicht ohne weiteres auf die Mutagene übertragen werden. Das liegt vor allen Dingen daran, daß die Teste, die für die Charakterisierung der cytostatischen Stoffe verwendet werden, meistens viel zu grob sind. Hemmung = Aufhören der Mitose sagt noch nichts darüber aus, aus welcher Ursache diese Hemmung zustande kommt. Mitose wie Meiosis sind als Vorgang jeweils ein äußerst kompliziertes System streng koordinierter wie subordinierter Prozesse. So wird eine Störung oder Hemmung sicher nicht in jedem Fall das gleiche sein; denn bei den vielen verschiedenen Einzelvorgängen braucht nur einer ins Minimum zu treten, um als schließlichen Endeffekt einen Kollaps des ganzen Systems hervorzurufen, ohne daß man von diesem her rückwärts etwas über isolierbare Prozesse zu erfahren brauchte. So ist eine sehr viel genauere Analyse der Einzelvorgänge unerläßlich. Für die in den Wurzelspitzen der Pflanzen ablaufenden Mitosen ist das in unserem Institut bereits eingeleitet, und die ersten Arbeiten (BRAUER und

FINK) sind auch schon im Druck. In diesem Zusammenhang werden die definitorischen Abgrenzungen von MARQUARDT (1948) noch eine besondere Bedeutung erhalten.

Die Ursachen der Mutationsauslösung.

Es ist gewiß noch nicht an der Zeit, die Kausalanalyse der Mutationsauslösung grundsätzlich zu Ende zu diskutieren. Immerhin sind wir durch unsere inzwischen erweiterte Kenntnis der Aktion chemischer Mutagene doch ein ganzes Stück weitergekommen, so daß sich einiges auch über die vermutlichen Ursachen aussagen läßt. Der entscheidende Befund scheint mir darin zu bestehen, daß sich eine wirklich grundsätzliche Differenz zwischen der Mutationsauslösung durch Röntgenstrahlen und durch Chemikalien nicht hat auffinden lassen; vielmehr ist die am genauesten durchgearbeitete Wirkung von Urethan und von Senfgas ebenso unspezifisch und ebenso zufallsmäßig verteilt wie diejenige durch Röntgenstrahlen. So wird es also notwendig werden, eine Theorie über die ursächlichen Beziehungen zu entwickeln, die beide Einwirkungsweisen auf einen gemeinsamen Nenner bringt und die in höherem Maße als bisher die neueren Einsichten über das chromosomale Geschehen berücksichtigt. Die bisherigen Vorstellungen waren in der sog. Treffertheorie zusammengefaßt und ausschließlich an den Befunden der Strahlengenetik orientiert (vgl. STUBBE 1937 und TIMOFÉEFF-RESSOVSKY 1937). Es wird angenommen, daß die Ionisation der Röntgenstrahlen eine direkte Einwirkung auf das molekulare Gefüge der Chromosomen habe, woselbst auch den Genen ein Ort angewiesen wird. In diesem selbst bzw. in den Chromosomen werden also in gleichmäßiger zufälliger Verteilung trefferempfindliche Bereiche angenommen, von denen aus eine Energieleitung in der Weise erfolgen kann, daß schließlich auch sichtbare Veränderungen in den mikroskopischen Dimensionen als chromosomale Aberrationen kenntlich werden. Man hat nun im Zusammenhang mit der Mutationsauslösung durch Chemikalien den Versuch gemacht, die Vorstellungsweise zu erweitern und ebenfalls anzunehmen, daß für bestimmte Stoffe empfindliche Bereiche sich in ebenso zufälliger Verteilung vorfinden, wie die trefferempfindlichen Orte. Wenn diese Erweiterung für die Chemikalien schon ihre Unwahrscheinlichkeit hat — sollen es etwa dieselben Bereiche sein oder verschiedene? — so wird sie ganz und gar zur Unmöglichkeit mit dem Befund, daß auch Ultrakurzwellen bei hinreichender Intensität dieselbe Wirkung haben können wie die Röntgenstrahlen. Auch dieser wird in unserem Institut ausgearbeitet und die ersten Mitteilungen sind bereits im Erscheinen (HARTE und BRAUER). So wird man andere Interpretationsweisen einzuschlagen haben. Eine Möglichkeit dazu läßt sich den früheren Versuchen von WARBURG entnehmen. Dieser hatte festgestellt (1928), daß die Urethane eine außerordentliche Fermentaktivität besitzen und als oberflächenwirksame Substanzen in die Aktion dieser eingreifen können. Ferner haben HEILMEYER, MERK und PIRWITZ darauf hingewiesen, daß nach einer früheren Arbeit von BANG die Urethane einen Einfluß auf die Nucleinsäuren haben; diese sind in vitro durch deren Wirkung fällbar. Damit scheint uns ein neuer Zusammenhang gegeben: bei dem Formwechsel der Kerne, in den die Chemikalien eingreifen, spielt der Nukleinsäureumsatz wie besonders wieder die neueren Untersuchungen von CASPERSSON betonen, eine außerordentlich wichtige Rolle. So wird zu untersuchen sein, in welchem Ausmaß und in welcher Weise ein Eingriff in diesen Umsatz mit den mutativen Veränderungen zusammenhängen kann, und weiterhin, wie weit die anderen Agenzien, welche dieselben Veränderungen herbeiführen, auch über diesen Umweg wirksam sind. Damit wäre freilich ein außerordentlich entscheidender prinzipieller Schritt getan. Es würde nunmehr nicht, wie das im Anschluß an die Strahlengenetik geschah, eine direkte Aktion an den Chromosomen zu suchen sein, vielmehr würde die gesamte Mutationsauslösung in das Stoffwechselgetriebe der Zelle verlegt. In diesem Sinn wird später noch vielfach zu diskutieren sein.

Die spontanen Mutationen.

Wir wissen heute, daß bestimmte Gene, genauer gesagt, bestimmte Orte auf den Chromosomen spontan mutieren, d. h. eine festgelegte Mutationsrate besitzen. Diese ist zwar gering, genügt aber doch, um in größeren, aber übersehbaren Zeitabständen Gesamtveränderungen der Arten hervorzubringen. Zweierlei ist nun in diesem Zusammenhang zu erwägen: einmal, welches ist die Ursache dafür, daß in einem bestimmten Locus zu einem bestimmten Zeitmoment eine Mutation auftritt? und zum andern, welches ist die Ursache dafür, daß die verschiedenen Loci eine vollkommen verschiedene Mutationsrate besitzen? Die zweite Frage dürfte heute kaum zu beantworten sein. Die Ursache für die Verschiedenheiten muß auf alle Fälle auf einem bestimmten Zustand der chromosomalen Substanz beruhen, und es ist gleicherweise hypothetisch, ob wir die Differenz in einen gegebenen Unterschied im autonomen Hervorbringen von Mutanten oder in eine verschieden große Empfindlichkeit gegen die äußeren Einwirkungen verlegen. Den Versuch einer Beantwortung können wir allein mit der ersten Frage vornehmen, sofern wir voraussetzen, daß es überhaupt äußere Einwirkungen sind, welche einen spontanen Mutationsschritt hervorbringen. Im Grunde genommen biegen wir damit wieder auf die Ausgangsfrage der alten Mutationstheorie zurück.

In jener Arbeitsperiode, in der man die Mutationsauslösung ganz vorwiegend mit Hilfe von Strahlen verschiedener Art zuwege gebracht hat, vermutete man, daß irgendwelche natürliche Strahlungen für die spontane Mutabilität verantwortlich sein müßten. Eine solche natürliche Strahlenart, die etwa in dem Sinne wirkt wie Röntgenstrahlen, steht uns in den kosmischen Strahlen zur Verfügung. Es hat sich aber gezeigt, daß Drosophilamännchen, die man in Stratosphärenballons in sehr großen Höhen der Einwirkung ungemein gesteigerter kosmischer Strahlung ausgesetzt hat, kaum in der Mutationsrate ihrer Nachkommen verändert sind, so daß auch unter normalen Bedingungen die kosmischen Strahlen als Ursache wohl ausfallen. Die Möglichkeiten einer Mutationsauslösung durch Stoffe geben hierin sicherere Anhaltspunkte. Es ist eine längst bekannte Tatsache, daß in Pflanzen, die aus alten Samen an der Grenze der Keimfähigkeit gewonnen werden, die Mutationsrate wesentlich erhöht ist gegenüber solchen aus frischem Samen (vgl. NAVASHIN 1933). Nun hat MARQUARDT in unserem Institut in neueren, noch nicht publizierten Arbeiten festgestellt, daß durch die Einwirkung von Samenextrakten aus alten, nicht mehr lebensfähigen Oenotherensamen eine ungemein starke Mutationsauslösung gegeben ist. Sein gleichzeitiger Befund, daß dazu auch das Eiweißzerfallsprodukt Putrescin befähigt ist, ist nicht minder bedeutungsvoll; denn von hier aus kommen wir zu der Vorstellung, daß das spontane Mutationsgeschehen auch von Substanzen veranlaßt sein kann, wie sie sowohl von außen auf die Organismen eindringen, aber auch in Stoffwechselvorgängen gegeben sein können, die sich im Innern abspielen. Ein anderer äußerer Anlaß kann in der Ultrakurzwellenstrahlung gegeben sein, wie sie in ihrer Wirkung gegenwärtig durch HARTE und BRAUER bei uns geprüft werden. Es fragt sich allein noch, ob die natürliche Steigerung dieser Strahlungsart bei auftretenden Sonnenflecken ausreicht, um Aberrationen herbeizuführen.

So hat es sich also gezeigt, daß die geglückten Versuche eine Mutationsauslösung durch Chemikalien herbeizuführen, zwar die alten Ziele spezifischer Besonderheiten keineswegs erreichte, dafür aber in die Mutationsforschung selbst neue Gesichtspunkte hineinbrachte und tiefgreifende Anregung nach allen Seiten vermittelte.

Literatur.

AUERBACH, C.: Chemical induced mutations and re-arrangements. Dros. Inf. Serv. 27, 48 (1943). — Report on new mutance. DIS 28 (1944). — AUERBACH and ROBSON: Tests of chemical substance for mutagenic action. Proc. roy. Soc. Edinbg. 62, 224 (1947). — BANG: Biochem. Z. 65, 283 (1914). — BAUR, E.: Mutanten von Antirrhinum. Z. Vererbgs.lehre 27, 241 (1922). — Untersuchungen über das Wesen, die Entstehung und die Vererbung von Rassenunterschieden bei Antirrhinum majus. Bibl. Gen. 4 (1924). — BRAUER, I.: Das Mitose-Verhalten in den Wurzelspitzen von Vicia faba nach Umwelts- und Temperaturveränderungen. Diss. Freiburg i. Br. 1946. — Planta (Berl.) 36, 411 (1949). — DARLINGTON, C. D., and KOLLER: The chemical breakage of chromosomes. Heredity 1, 187 (1947). — DÖRING, H.: Über den Einfluß der Ernährung auf die Mutationshäufigkeit bei Antirrhinum majus. Ber. dtsch. bot. Ges. 55, 167 (1937). — FINK, H.: Experimentelle Untersuchungen über die Wirkung des Nährsalzmangels auf die Mitose der Wurzelspitzen von Vicia faba. Diss. Freiburg i. Br. 1948. — FORD, C. E.: Time of breakage and amount of restitution in nitrogen mustard treated Vicia root tip chromosomes. 8th Int. Congr. Genet. Stockholm, Abstract Book, S. 40. 1948. — HARTE, C.: Mutationsauslösung durch Ultrakurzwellen. Chromosoma (im Druck). — HÜTTIG, W.: Über physikalische und chemische Beeinflussungen des Zeitpunktes der Chromosomenreduktion bei Brandpilzen. Z. Bot. 26, 1 (1933). — LETTRÉ: Naturwiss. 33, 75 (1946). — MARQUARDT, H.: Die Verteilung röntgeninduzierter Veränderungen auf den Chromosomen von Bellevalia romana. Ber. dtsch. bot. Ges. 50, 98 (1942). — Neuere Ergebnisse der Zytologie und Zytogenetik in ihrer Bedeutung für eine Grundlagenforschung der Chemotherapie der Tumoren. Ärztl. Forsch. 11 (1948). — Auswertung eines Versuches zur Auslösung von Chromosomenmutationen durch ein Aethyl-Urethan-Kaliumchlorid-Gemisch. Experientia 1949. — McCLINTOCK, B.: The production of homozygous deficiencies tissues with mutant characters by means of the aberrant mitotic behaviour of ring shaped chromosoms. Genetics 23, 15 (1938). — The association of mutants with homozygous deficiencies in Zea Mays. Genetics 26, 542 (1941). — MULLER: The problem of genic modification. Vh. 5. internat. Kongr. Vererbs.wiss. Berlin, Bd. 1, S. 234. 1927. — NAVASHIN: Altern des Samens als Ursache der Chromosomenmutationen. Planta (Berl.) 20 (1933). — OEHLKERS, F.: Die Auslösung von Chromosomenmutationen in der Meiosis durch Einwirkung von Chemikalien. Z. Vererbgs.lehre **81**, 313 (1943). — Weitere Versuche zur Mutationsauslösung durch Chemikalien. Biol. Zbl. **65**, 176 (1946). — Mutationsauslösung durch Chemikalien und die Bedeutung des Plasmas. 8th Int. Congr. Genet. Stockholm, Abstract Book, S. 100. 1948. — Oehlkers, F., u. G. Linnert: Neue Versuche über die Wirkungsweise von Chemikalien bei der Auslösung von Chromosomenmutationen. Z.Vererbgs.-lehre **83**, 136 (1949). — Oehlkers, F., u. Marquardt: Die Auslösung von Chromosomenveränderungen durch Injektion wirksamer Substanzen in die Knospen von Paeonia tenuifolia. Z. Vererbgs.-lehre (im Druck). — Stubbe, H.: Genmutationen. Handbuch der Vererbungswissenschaft. Berlin 1938. — Stubbe, H., u. Döring: Untersuchungen über experimentelle Auslösung von Mutationen bei Antirrhinum majus VII. Über den Einfluß des Nährstoffmangels auf die Mutabilität. Z. Vererbgs.lehre **75**, 341 (1938). — Timoféeff-Ressovsky: Experimentelle Mutationsforschung in der Vererbungslehre. (Wissenschaftliche Forschungsberichte, Bd. 42.) Dresden: Theodor Steinkopff 1937. — Vogt, M.: Mutationsauslösung bei Drosophila durch Aethylurethan. Experientia **4**, 68 (1948). — de Vries: Mutationstheorie, Bd. 2, S. 1903. Leipzig 1901. — Warburg, O.: Die katalytischen Wirkungen der lebendigen Samen. Berlin 1928. — Wendt-v. Gontard, D.: Die Auslösung von Chromosomenmutationen in der Meiosis durch Einwirkung von Chemikalien. Unveröffentlicht. 1945.

Jahrgang 1940.
1. F. EICHHOLTZ und W. SERTEL. Weitere Untersuchungen zur Chemie und Pharmakologie der Heidelberger Radiumsole. DMark 2.20.
2. H. MAASS. Über Gruppen von hyperabelschen Transformationen. DMark 1.20.
3. K. FREUDENBERG, H. WALCH, H. GRIESHABER und A. SCHEFFER. Über die gruppenspezifische Substanz A (5. Mitteilung über die Blutgruppe A des Menschen). DMark 0.60.
4. W. SOERGEL. Zur biologischen Beurteilung diluvialer Säugetierfaunen. DMark 1.—.
5. Annulliert.
6. M. STECK. Ein unbekannter Brief von Gottlob Frege über Hilbert's erste Vorlesung über die Grundlagen der Geometrie. DMark 0.60.
7. C. OEHME. Der Energiehaushalt unter Einwirkung von Aminosäuren bei verschiedener Ernährung. I. Der Einfluß des Glykokolls bei Hund und Ratte. DMark 5.60.
8. A. SEYBOLD. Zur Physiologie des Chlorophylls. DMark 0.60.
9. K. FREUDENBERG, H. MOLTER und H. WALCH. Über die gruppenspezifische Substanz A (6. Mitteilung über die Blutgruppe A des Menschen). DMark 0.60.
10. TH. PLOETZ. Beiträge zur Kenntnis des Baues der verholzten Faser. DMark 2.—.

Jahrgang 1941.
1. Beiträge zur Petrographie des Odenwaldes. I. O. H. ERDMANNSDÖRFFER. Schollen und Mischgesteine im Schriesheimer Granit. DMark 1.—.
2. M. STECK. Unbekannte Briefe Frege's über die Grundlagen der Geometrie und Antwortbrief Hilbert's an Frege. DMark 1.—.
3. Studien im Gneisgebirge des Schwarzwaldes. XII. W. KLEBER. Über das Amphibolitvorkommen vom Bannstein bei Haslach im Kinzigtal. DMark 1.60.
4. W. SOERGEL. Der Klimacharakter der als nordisch geltenden Säugetiere des Eiszeitalters. DMark 1.40.

Jahrgang 1942.
1. E. GOTSCHLICH. Hygiene in der modernen Türkei. DMark 0.60.
2. Studien im Gneisgebirge des Schwarzwaldes. XIII. O. H. ERDMANNSDÖRFFER. Über Granitstrukturen. DMark 1.60.
3. J. D. ACHELIS. Die Überwindung der Alchemie in der paracelsischen Medizin. DMark 1.40.
4. A. BENNINGHOFF. Die biologische Feldtheorie. DMark 1.—.

Jahrgang 1943.
1. A. BECKER. Zur Bewertung inkonstanter α-Strahlenquellen. DMark 1.—.
2. W. BLASCHKE. Nicht-Euklidische Mechanik. DMark 0.80.

Jahrgang 1944.
1. C. OEHME. Über Altern und Tod. DMark 1.—.

1945, 1946 und 1947 sind keine Sitzungsberichte erschienen.

Abhandlungen der Heidelberger Akademie der Wissenschaften
Mathematisch-naturwissenschaftliche Klasse*)

21. L. VAN WERVEKE. Der Verlauf und das Alter der Hauptverwerfungen und der übrigen wichtigeren Störungen und Bewegungen im Gebiet des Mittelrheintalgrabens. 1934. DMark 5.—.
22. M. SCHMIDT. Fossilien der spanischen Trias. Mit einem Beitrag von J. v. Pia. Mit 6 Tafeln und 66 Textabbildungen. 1936. DMark 8.80.
23. E. FRENTZEN. Ontogenie, Phylogenie und Systematik der Amaltheen des Lias Delta Südwestdeutschlands. Mit 6 Tafeln und 43 Textabbildungen. 1937. DMark 11.20.
24. H. VOGT. Zur Physik des Sterninnern. I. Zur Theorie des Sternaufbaues. II. Entartung im Sterninnern. 1940. DMark 0.80.
25. W. SCHMIDLE. Die Großformen der Bodenseelandschaft und ihre Geschichte. Mit 6 Karten und 8 Textabbildungen. 1944. DMark 5.80.

*) Bestellungen auf Abhandlungen, auch auf die früher erschienenen, nimmt die Weiß'sche Universitätsbuchhandlung in Heidelberg entgegen.

MIX
Papier aus verantwortungsvollen Quellen
Paper from responsible sources
FSC® C105338

If you have any concerns about our products,
you can contact us on
ProductSafety@springernature.com

In case Publisher is established outside the EU,
the EU authorized representative is:
**Springer Nature Customer Service Center GmbH
Europaplatz 3, 69115 Heidelberg, Germany**

Printed by Libri Plureos GmbH
in Hamburg, Germany